[日]和田秀树 著　范宏涛 李睿思 译

可是我还是会在意

摆脱自我意识过剩的 8 种方法

中国科学技术出版社

·北京·

WATASHI, TSUI "TANIN NO ME" WO KI NI SHITE SHIMAIMASU.
Copyright © 2012 by Hideki WADA
All rights reserved.
Interior Illustrations by Uki MURAYAMA
First published in Japan in 2012 by Daiwashuppan, Inc. Japan.
Simplified Chinese translation rights arranged with PHP Institute, Inc.
through Shanghai To-Asia Culture Co., Ltd.

北京市版权局著作权合同登记　图字：01-2022-2010。

图书在版编目（CIP）数据

可是我还是会在意：摆脱自我意识过剩的8种方法 /（日）和田秀树著；范宏涛，李睿思译 . —北京：中国科学技术出版社，2022.6

ISBN 978-7-5046-9602-1

Ⅰ.①可… Ⅱ.①和… ②范… ③李… Ⅲ.①自我意识—通俗读物 Ⅳ.① B844-49

中国版本图书馆 CIP 数据核字（2022）第 090585 号

策划编辑	杨汝娜	责任编辑	杜凡如
封面设计	创研设	版式设计	蚂蚁设计
责任校对	吕传新	责任印制	李晓霖

出　　版	中国科学技术出版社
发　　行	中国科学技术出版社有限公司发行部
地　　址	北京市海淀区中关村南大街 16 号
邮　　编	100081
发行电话	010-62173865
传　　真	010-62173081
网　　址	http://www.cspbooks.com.cn

开　　本	787mm×1092mm　1/32
字　　数	75 千字
印　　张	6
版　　次	2022 年 6 月第 1 版
印　　次	2022 年 6 月第 1 次印刷
印　　刷	北京盛通印刷股份有限公司
书　　号	ISBN 978-7-5046-9602-1/B · 97
定　　价	55.00 元

（凡购买本社图书，如有缺页、倒页、脱页者，本社发行部负责调换）

不愿与人打招呼,

想说的话不能说,

不愿动……

让我们不要被琐事牵着鼻子走!

▶ ▶ ▶ 前言

愿你快乐地生活

在日本，在意别人眼光的人应该不在少数。因为在意别人的眼光，所以有时候想说的话不敢说，有时候还要花过多的时间梳妆打扮。最近，甚至有很多人担心话说多了会被认为没有眼力见儿。但要说这些都属于"自我意识过剩"的话，大概会有很多人感到惊讶。他们很疑惑：明明是在关注别人而非自己，为什么会说是自我意识过剩呢？

在这里，我希望在意别人眼光的人能够意识到：越是关注别人，越是无法做好自己。

其实，即使你现在觉得"那个人能说出自己的心里话，真厉害"，到了第二天，你也很可能早已不记得他说了什么。今天在学校或公司碰到的人中，你能

可是我还是会在意：
摆脱自我意识过剩的 8 种方法

记住多少人的着装？基本上都不记得了的人，应该会占一大半吧？

实际上，大多数人都在努力做好自己的事，对别人的事并没那么关心。虽然不能说没有人注意你的言行和打扮，但绝大多数情况下注意到的只是少数人。即使是艺人，也会因为着装普通而受到忽视。因此，就算你说"今天我在街上看到了乡裕美①"，但当别人问你他穿了什么样的衣服时，你却极有可能回答不上来。

"自我意识过剩"这种说法并非正式的心理学用语，因此具有多重含义，并被用于多种场合。不过，如果你意识到自己的各种烦恼实际上要么源于自我意识过剩，要么源于对方并未在意的某些言行，你的心情就会变得快乐许多，也会从容许多。

---

① 日本20世纪80年代的偶像级男歌手。——编者注

本书分别介绍了八种自我意识过剩的表现。有人可能符合其中多种,通过阅读本书如果能让大家了解自己的心理情况,然后在此基础上快乐地生活,那么作为作者,我将不胜欣喜。

和田秀树

▶ ▶ ▶ 目录

绪　论　"自我意识过剩"而止步不前的你 / 001

第一章　总是不由地在意别人的眼光 / 007

　　　　这些小事只有你在意 / 009

　　　　在意别人的眼光，是对自己情绪的勒索 / 013

　　　　他们只在乎自己 / 018

　　　　你真的没有那么遭人嫌弃 / 020

第二章　我也不想，但就是会在意 / 025

　　　　我们的关注点应该放在哪里 / 027

　　　　让烦恼一扫而光 / 030

　　　　说坏话的人为什么朋友多 / 033

　　　　改变可以改变的事情 / 035

　　　　再次检验自己的目标 / 040

　　　　为什么要放弃大脑训练 / 041

可是我还是会在意：
摆脱自我意识过剩的 8 种方法

第三章 根本没人理解我 / 047

对别人的话天然排斥 / 049

为什么不敢说真话 / 053

不会示弱者的不足之处 / 057

让心情保持愉快的思维方法 / 060

从关注错误认知开始 / 063

第四章 "都是我的错"会让人情绪低落 / 067

觉得什么都和自己有关系 / 069

难道全部都是自己的错 / 074

从"都怪我"到重获自由 / 077

找回自信平衡点 / 083

第五章 不要执念过去 / 087

对过去抱有执念 / 089

摆脱往事的阴霾 / 093

逆袭是否能够发生 / 096

目录

重启成功大门 / 099

注意"超爽"的圈套 / 105

第六章　未来让人不安 / 109

你是否想过"本来应该如此" / 111

预测失算后该怎么办 / 114

由于不安而彻夜难眠 / 118

"轻微不安"的缓解方法 / 122

想得越多,反而越容易搞砸 / 125

一胜九败并没关系 / 128

第七章　如果我表现得不好怎么办 / 133

无法认可现在的自己 / 135

为什么会有"我是天才"这种说法 / 139

"完美"是陷阱 / 144

有比觉得丢人更重要的事 / 149

可是我还是会在意：
摆脱自我意识过剩的 8 种方法

第八章　没有人会喜欢我 / 155

　　　修复自我评价 / 157

　　　我的意见真的不重要吗 / 162

　　　为什么说"今后是女性的时代" / 163

　　　不要只顾着低头烦恼 / 164

　　　谁都会给别人添麻烦 / 169

结　语　别管别人怎么看 / 173

绪论

「自我意识过剩」而止步不前的你

可是我还是会在意：
摆脱自我意识过剩的 8 种方法

▶ 远处，几名同事在一起欢笑。我想："这莫不是在笑我？"

绪论

"自我意识过剩"而止步不前的你

▶ 我一紧张就会脸红,我对此十分在意,所以一遇到这种情况我就感到很羞怯,进而越发不知所措。我想:"只要不脸红,我的演讲就一定会顺利。"

可是我还是会在意：
摆脱自我意识过剩的 8 种方法

▶ 公司前辈让我端茶倒水，我边生气边动手。我想："为什么偏让我做？好不容易从大学毕业，做这些事能发挥我的才能吗？"

绪论
"自我意识过剩"而止步不前的你

大家是否发现了这三人的共通之处？

其实上述三人都属于"自我意识过剩"。所谓"自我意识"，正如文字所展示的那样，是对于自己的意识，这种意识所有人都具备。没有自我意识的人其实并不存在。

实际上，自我意识并非正式的心理学用语，因此从关注、关心自己这层意义来看，它和精神分析学中的"自爱"比较相近，在认知心理学领域则被视为自我认识。不过作为日常用语，其用途十分广泛，所以很多人都听过"自我意识过剩"这一说法。

简言之，当自我意识出现"过剩"的时候，就会出现各种问题。比如，只是听到别人的笑声，就将自我意识代入，将此事和自己扯上关系，然后认为对方是在笑话自己；相较于更重要的讨论（如商谈、沟通、讲义内容等），却只想着必须解决脸红的问题，于是浪费时间和精力；过于在意自己的学历，使得端

可是我还是会在意：
摆脱自我意识过剩的 8 种方法

茶倒水的事也能让自己生气……

如上所述，自我意识过剩会让你去思考原本不必思考的事，相反，应该思考的事却被抛之脑后，从而产生一系列问题。当然这并不是说一点也不需要自我意识，因为如果你对自身的情况完全不在意，也会十分麻烦。因此，树立健全的自我意识才是当务之急。因为自我意识过剩可能会让你变得不自由。

前文提到过，自我意识是日常用语而非正式的心理学用语，它包含着各种各样的含义。因此在心理学领域的人看来，自我意识过剩的群体包含了有各类复杂问题的人。所以，本书的宗旨就是希望帮助大家从自我意识过剩的困境中走出来，让大家减少过剩的自我意识，然后逐步向更重要的方向迈进。

第一章

总是不由地在意别人的眼光

第一章

总是不由地在意别人的眼光

😊 这些小事只有你在意

早上头发没梳好,让我一整天都耿耿于怀。上班期间也担心公司同事和顾客觉得自己头发古怪,以致自己无心工作。(男性,25岁,餐饮店员工)

"这身衣服是不是不对劲?为什么我总感觉刚才走过去的那个人一直在盯着我看……"

"不会吧,难道是我想太多了?"

你是不是曾经也如此喃喃自语?

这就是过于在意别人看法的表现。在日本,这种自我意识过剩的例子可谓不胜枚举。之所以不由自主地在意别人的眼光,究其原因其实就是源于自己在某些方面的自卑心理。

可是我还是会在意：
摆脱自我意识过剩的 8 种方法

对于我来说，早上起来如果我的头发被我睡得蓬乱，妻子就会唠叨我。于是，我也会非常在意别人的看法。

被迎面走过去的陌生人说"好胖"之后，便不愿再出门。（女性，18岁，学生）

这位女性仅仅因为有一个人评价了她的长相，就不愿意迈出大门。其实即使被别人说胖，她也没必要太在意，因为她大概再也不会遇到这个人。听到别人说后这么想其实是毫无根据的，也许那个迎面走过去的人说的话未必是针对她的。然而，这却让她不愿再出门。这是因为她可能已经将问题放大了，认为"既然有一个人这么想，那其他人是不是也这么想""大家都在笑话我"。

实际上根本没有这回事，而她却认为大家都在看

第一章
总是不由地在意别人的眼光

自己,并对自己不怀好意。如果极端一点的话,就有可能觉得周围都是坏人。这种情况被称为"社交焦虑障碍",即在面对别人或者在人前时会感到强烈不安,甚至身体会出现颤抖、想吐等反应。更严重一点,还会引起恐慌障碍,出现心悸、气喘、眩晕等症状。这时候,就会将"别人的眼光"视为"所有人的看法"。

也就是说,她会觉得自己以外的人都在看着自己,并因感到"大家是不是在批评或者愚弄我"而陷入强烈的焦虑情绪。因此,无论是走在街上还是乘坐地铁,她会因在意完全不认识的人怎么看待自己,从而深感不安。

有的人虽然没到这种程度,但也会琢磨"在人群中可能混杂着一个认识我的人正在看着我"。这虽然说不上是病,但属于社交焦虑障碍的一种,也就是那些在意他人眼光的人会时不时产生不安感。

这种将"别人的眼光"视为"所有人的看法"的

人，首先有必要充分理解"即使有一个人这么想，也绝不代表其他人都会这么想"。不过，即使大脑理解，身体也很难配合得当。对此，我们先找找有没有例外吧。

不妨向自己亲密的人确认一下，自己有什么地方让他们感到与众不同。如果觉得不可信，可以再找别人问问。像这样，如果有几个不同观点的话，你的心态可能会平和许多。

即使你已经确认过了，但仍然觉得大家还是这么看你，那么你就可能患有社交焦虑障碍，需要尽快去看医生。现在，科研人员已经研发出相关治疗手段和药物，用于消除各种焦虑情绪。

即便到不了社交焦虑障碍那么严重的程度，但像上述事例那样感到自卑的人，往往也会在意别人的眼光。当你总是在意别人眼光的时候，记住下面的话可能会好一些，那就是"人对自己以外的人并不怎么关注"，这一点也许会超乎你的认知。

第一章
总是不由地在意别人的眼光

在一次演讲中，我在听众面前快速收拢自己的领边，然后问"有没有人记得我领带的颜色"。猜一猜会有多少人记得呢?

事实上，500人中只有5人记得。听众与我面对面，尽管我是舞台上的焦点，但能记住我领带颜色的人，确实只有这么几个。就算我是众人瞩目的演讲者，大家对我的着装也依然不怎么关注。这就是事实。

人们看似在关注对方，实则不然。只要没有特别关注一个人，就算是面对面也不一定会记得什么。你想这想那，其实别人根本没有关注你，更没有在意你的行为。

😄 在意别人的眼光，是对自己情绪的勒索

那些在意别人眼光的人群中，除了患有社交焦虑障碍的人，还有患有对人恐惧症的人。

可是我还是会在意：
摆脱自我意识过剩的 8 种方法

因为日本的这类人群有很多，所以"对人恐惧症"这个词在日本经常被人们使用。美国精神医学的诊断标准认为，对人恐惧症是（带有耻感文化的）日本人特有的病。

对人恐惧症和上述提到的社交焦虑障碍有哪些不同之处呢？

第一点，社交焦虑障碍虽然是向内的自我意识，但仍属于"害怕别人"，而对人恐惧症则是广义上的"害怕自己"。

那么，"害怕自己"到底是怎样一种情况呢？典型的对人恐惧症表现为，在人前感到紧张而脸色变红的赤面恐惧症[①]或不敢和别人对视的视线恐惧症。患有

---

① 指在人前易脸红。患者在发生情绪变化时，常容易出现面部发红甚至全身发红的症状。多由于面部暂时性血管扩张导致。赤面恐惧症往往与当事人敏感的性格习惯有关。——译者注

第一章
总是不由地在意别人的眼光

赤面恐惧症的人会觉得满脸通红的自己会让别人看到后心生不快；患有视线恐惧症的人会因担心自己的眼神会给对方带来不快而不敢和别人对视。

换言之，患有对人恐惧症的人存在这样的心理背景，那就是自己是不是给别人带来了麻烦，自己是不是让别人觉得不舒服。

因此，对人恐惧症与害怕"非特定多数"的人的眼光这种社交焦虑障碍多少有些差异。患有对人恐惧症的人，会在职场或者学校等场合的人际关系（既非特定多数的人，也非亲密的关系）中在意别人的眼光。

第二点，在意别人眼光的自我意识过剩的人，往往会出现类似对人恐惧症的症状。例如：

在公司内部会议发表观点的时候，我总是深感痛苦。我由于紧张导致说话支支吾吾，当我觉察到大

可是我还是会在意：
摆脱自我意识过剩的 8 种方法

家认为这样的我无法胜任工作后，就越发地怯场了。

（男性，31岁，公司职员）

即使是在意别人眼光的自我意识过剩的人，在亲朋好友或者父母、孩子面前，多数情况下也不会感到羞怯。此外，他们和社交焦虑障碍者不同，在街道或平常不去的场所面对很多自己不认识的人时，也不会感到怯懦。

但是，正如上文的案例所述，这种人在面对关系一般的同事或同学，也就是所谓的"半熟不熟"的人时会不知所措，往往思虑过多，非常在意对方的看法。

确实如此，按照常识推断，不认识的人大概也不会笑话自己，就算笑话了也不会对自己产生什么影响。假如一个完全不认识的孩子评价你"那个叔叔的头发都直立起来了"，你虽然会感到有点生气和尴尬，但对方并不会给你带来伤害，而且也不会对你今

第一章
总是不由地在意别人的眼光

后的生活产生影响。因此，你也不会太过在意。此外，如果是知心朋友笑话你，你们的关系也不会因此变差，所以也相当于没有影响。

但是，如果在职场或者学校里有人悄悄评价你或笑话你"那个人的头发如何如何"，你就会感到不舒服。从这个意义上看，半熟不熟的人如何评价你，确实会对你产生影响。

半熟不熟的人要么明天肯定会碰见，要么以后还有见面的机会，所以相较于完全不认识的人，他们的影响力更大。在地铁上碰到的人下次可能不会再见面，但在职场或学校里就不一样了。

每个人都不希望明天还能见到的人用奇怪的眼光看自己，因此，我完全能理解大家都会在意半熟不熟的人对自己的看法。但是，如果因为过于在意而导致自己畏惧不前，那么就有必要慢慢调整自己的心态了。

可是我还是会在意：
摆脱自我意识过剩的 8 种方法

😊 他们只在乎自己

对于那些感到别人在关注自己且认为对自己的评价是负面的人，从现在开始请记住以下两点。

第一，上文已经提到，"别人没有你想的那么关注你"。无论是有点蓬乱的头发，还是稍微发胖的身材，又或是变红的脸颊，其实基本上没人关注。在街上擦肩而过的非特定多数人更是如此。

那么，半熟不熟的人会怎么样呢？诚然，与非特定多数的人相比，他们或多或少会关注你。但是，其中差别也已经明确。无论是在500人面前演讲，还是在公司内部30人面前汇报，抑或问对方"有没有人记得我领带的颜色"，每一种情况都只有零星几人关注而已。

第二，如果你不能理解上述内容，那么不妨将自己当作一名观察者。例如，有人问你："今天看到某

第一章

总是不由地在意别人的眼光

可是我还是会在意：
摆脱自我意识过剩的 8 种方法

人穿了什么样的衣服了吗？"极其特殊的情况另当别论，我想大部分人都回答不上来。其实，别人对你的关注与此同理。因为大家都在忙着思考自己的事情。以我的演讲为例，为什么大部分人都不记得我的领带颜色？也许他们更多的是在思考我的演讲中有哪些内容可以为自己带来哪怕是一丁点儿的帮助吧。另外，能够记住领带颜色的人，要么对时尚比较敏感，要么觉得演讲毫无意思转而想着"看了这家伙的脸，顺便也看看他的领带吧"。

虽然有差异，但是相较于他人，人们还是更关注自己，别人压根没有你想象得那样关注你。

😀 你真的没有那么遭人嫌弃

为什么被看几眼就感到很焦虑？

上文中我提到的案例，例如，老想着别人会觉得

第一章
总是不由地在意别人的眼光

自己发型难看、自己很胖或者自己一无是处,等等。这些为什么和焦虑有关呢?大概是"不想被别人嫌弃"这一畏惧心理的延伸吧。因此,还有一点我希望大家记住,那就是只要问题没那么严重,别人就不会嫌弃你,也不会否定你的人格。

如果因为你头发蓬乱或脸颊变红就有人认为你很差劲或者要和你绝交,那么只能说对方很奇怪。这样的人,你还愿意与其交往吗?

对此,只要我们重新思考一下"大家讨厌什么样的人",就会豁然开朗。大家真正讨厌一个人,是因为这个人做出了让大家真正讨厌的事。

如果是性格稍微有些特别,或者言行有些与众不同,可能不会招致大家的愤怒和怨恨。只要没有与他人产生直接摩擦,就不会让人产生厌烦这种过激情绪。此外,按照精神医学和精神分析学家科胡特的说法,人的愤怒和长期怨恨在"自爱"受到伤害的时候才会产生。例如，被殴打后之所以感到气愤，并不只是因为疼痛，还因为殴打是对人的羞辱。不过，如果自己遭受殴打，但由于对方看起来身强体壮，导致自己不敢反抗，这样的话，自己的强烈愤怒和怨恨就会遗留下来。相比疼痛，被人羞辱才更会让人产生愤怒与怨恨。

人都希望别人觉得自己强、自己聪明、自己特殊，这种珍爱自己、重视自己的心理，就叫作"自爱"。当自爱被否定，也就是当你得知别人觉得你是个弱小、愚蠢、毫不起眼的人时，你的自爱就会受到伤害。按照科胡特的说法，这就是一个人产生愤怒和怨恨的根源。所以，当别人知道你在批评他说"那个人很极端"或者暗地里侮辱他后，你肯定会招来巨大的愤怒和怨恨。因为你伤害了对方的自爱。简言之，只要你不做批判他人或暗地中伤他人这类有损他人自爱的事，别人就不会因之愤怒、怨恨，你也不会让人感到讨厌。

当然也会有例外。在如今这个经济不景气的时代，人的自爱难以得到满足，所以在学校和职场，大家一起欺负最弱小的个体以释放自我压力的现象确实存在，因此作为弱者而被欺负的概率绝不是零。

但是话说回来，至少你不会因为外在的一些东西而随意遭到别人嫌弃。如果你真的担心被嫌弃，那么你应该关注更多其他的东西，然后将目标转向那里，这样才会产生真正的意义。比如，反省一下自己有没有讲一些暗地中伤或者批判他人的话，这比整理自己发型更重要。因为不想被人嘲笑或被人嫌弃而过于在意别人眼光的人，就应该经常如此告诫自己。

第二章

我也不想，但就是会在意

第二章
我也不想，但就是会在意

😄 我们的关注点应该放在哪里

我脸上有很多黑痣，因此我的朋友很少。别人倒没有取笑过我的黑痣，但我总觉得别扭。我觉得如果没有黑痣的话，我与别人的交往可能会顺畅很多，所以我在犹豫要不要去美容院把它们除掉。（女性，22岁，打工者）

对于上述案例，我想说的是，相较于此，你应该关注其他更重要的事情。

该情况和第一章所讲的基本相同，主人公的所思所想都过于在意别人的眼光。这里需要强调的是，如果关注的焦点不是大事而只是细枝末节，那么就会忽略其他问题。

可是我还是会在意：
摆脱自我意识过剩的 8 种方法

我一直关注森田正马所提倡的森田疗法[1]中所讲的一句话："如果一个人关注这一方向，那么他就无法涉足其他方向。"

例如，将这一说法发挥得淋漓尽致的就是魔术师。魔术的秘诀在于，原则上魔术师让你关注右手，你就关注右手，让你关注箱子，你就关注箱子，然后他趁机在其他地方动手脚。

人专注于一件事物时，就会忽视其他事物。这种情况已经司空见惯了。换言之，执念于细枝末节的人，往往会忽略重要的事。正如本节提到的案例那样，如果她想受到大家的喜欢，那么相较于关注自己脸上的黑痣，更应该学会用微笑面对他人，使用得体的话语和他人交流，遵时守约，等等。这些事才是她

---

[1] 现被国际社会广为关注的一种源于日本的有关神经病的治疗方法。——作者注

第二章
我也不想，但就是会在意

要做的重点。

有些人有洗手强迫症，一洗就停不下来。这些人认为"手不洗干净就不行"，然后将意识都集中在手上。那么，他们为什么会有这样的想法？除此之外，还有人有不洁恐惧症，只要不对门把手或者扶手一一消毒，他们就不会去触碰。要知道，彻底清除附着在物体上的细菌无疑是一件难于登天的事。即便如此，他们为什么还执着于此呢？

无论是洗手强迫症患者还是不洁恐惧症患者，其共同之处就在于迷失了自己本来的目的。如果他们本来的目的是不得病，那么绝对有更加符合常识和更加节约时间的做法。例如，要是真的不希望得病，那么对有洗手强迫症的人来说，与其不停地洗手，不如去关注如何摄取营养或如何保障睡眠等问题。同理，对有不洁恐惧症的人来说，与其想着如何将细菌清零，不如通过提高免疫力来预防疾病。实际上，细菌清零确实很难做到，他们应该从源头上考虑怎么做才能获得真正的健康。

本节开始提到的主人公觉得只要去掉黑痣就万事大吉，但是去掉黑痣就真的能受人喜欢并交到很多朋友吗？我看未必。如果她的目的是受人喜欢，那么就要往为了达成这个目的自己能做什么这个方向考虑，否则就无法得到满意的结果。

这就是细枝末节和关键问题的区别。因此，我们必须弄清楚哪些事情可以让自己幸福，哪些事情对自己来说十分重要。

😆 让烦恼一扫而光

我在推特（Twitter）上遇到了烦心事。在推特上，我和非常要好的朋友互动时会随意向她抱怨，也会发一些带有负面情绪的帖子，但被一位半熟不熟的

第二章
我也不想，但就是会在意

朋友关注后，我就开始犹豫是继续坚持写下去还是停止写这些内容，我变得不知所措，心情也郁闷起来。

（女性，27岁，营业员）

上述情况也很常见。这是在意那种既非亲友又非陌生人的半熟不熟者眼光的典型案例，也属于没有找到关键问题而心生烦恼的一种。那么，她应该关注哪些问题呢？

无论是推特上的关注者还是现实中的朋友，你是不是应该想一想自己真正重要的朋友是怎样的人？真正的朋友会喜欢你率直有趣的发言。如果因为在意其他人而只能说一些无关痛痒的话，有可能连原本亲密的朋友也会失去。此外，即便受到那些不得不去在意的人的喜欢，自己也会身心疲惫，这显然不是什么好事。

思前想后地在意"推特上的关注者"这种所谓的

可是我还是会在意：
摆脱自我意识过剩的 8 种方法

朋友而忽略了真正的好友，就等于找错了方向。推特等社交媒体上有很多半熟不熟的非特定多数人，如果认为他们不是你真正的朋友却又想得到他们的喜欢，那么就无法表达心声。

不过话说回来，我们也要重视那些让自己感到极为亲切的人。"在核心好友的延长线上，偶尔会引起你共鸣的半熟不熟的朋友也可以交往，除此以外则可以放弃"，这样想也是一种思维的调整。

像电视评论员那样说话公正平和而不被批评的职业人士也许不错，但是如果日常生活中也这样做，真的不会被人嫌弃吗？能受到别人欢迎吗？比如小说家，其作品不尖锐曲折有趣味的话就不容易畅销，因为直白的叙事根本没有意思。

某小说家曾经告诉我，他并不写自己主观认为有趣的事，如果要写的事并非亲友告知自己有趣，那么即使写了，读者也不会觉得有趣。

第二章
我也不想，但就是会在意

"如果立志成为小说家的人害怕别人讨厌自己，那么就没法写出小说来"，这是全世界人们的共同看法。

因此，正如前文所述，反省一下自己有没有说伤害他人的话比整理自己的发型更重要，这句话可能是双刃剑。因为一直在乎那些无关紧要的人和事，很可能无法向前迈进。也就是说，我们要做的不是受所有人喜欢，而是认可"被嫌弃一点也没关系"的思维方式。

😄 说坏话的人为什么朋友多

"被嫌弃一点也没关系"这种不同寻常的思维方式，对只想着害怕被嫌弃的人来说十分必要。例如，追求奇特的时尚潮流或开一些稍许过激的玩笑，不但不会树敌，反而还会交到朋友。

可是我还是会在意：
摆脱自我意识过剩的 8 种方法

"这么做大家都会讨厌你"之类的事是否会发生，结果尚难料定。说话比较随意的人虽然被很多人认为不合时宜或没有礼貌，但也有人因其"表达方式很接地气，很有意思"而向其靠拢。

一般情况下，只要意识到"和随意说各类人坏话的人在一起，那么不知什么时候自己也会成为其开玩笑的对象"后，就会远离这种人。不过，这些说坏话的人一直都是其他人关注的焦点，虽然他们的朋友换了又换。

因此，除了前文所讲的"人不要在意这个""人不要讨厌那个"，还有一个要点就是认同"无论喜欢还是讨厌自己的人都是客观存在的"或者"就算只有挚友陪伴也没关系"。如果大脑能转过这样的弯，那么你很可能就能成为一个有趣的人。

总想着不被讨厌，总想着一切平坦，就有可能走错方向。说到底，我们只要把握好真正重要的事就好。

😊 改变可以改变的事情

我个子矮,不受女孩欢迎。当我看到高个子男生和恋人一起快乐地散步时,就会心生嫉妒,觉得"要是我个子高的话,人生将更美好吧"。(男性,34岁,公务员)

弗洛伊德曾提出"人格发展阶段理论",比如在口欲期这一婴儿时期,人会专注于自己的吸吮需求。即便长大成人后,孩童时期的这种心理状态往往也依然存在。

简言之,一个人一旦产生了某个关注点,就会一直关注该问题。例如,脸上的黑痣、头上的小伤疤等,都会成为自我长期关注的对象,这就像某种自

可是我还是会在意：
摆脱自我意识过剩的 8 种方法

卑一样。虽然评价属于总体判断，但喜欢钻牛角尖的人，总觉得别人只会通过某个局部来评价自己。

上述认为"我个子矮，不受女孩欢迎"的人，笃信长得高就能获得女孩的认可，但实际上有很多个子不高的人也很受女孩追捧。反之，个子高的人也有可能不受女孩待见。走在大街上，你稍加注意就会看到有很多身高差别并没有很大的情侣。

那么，除了身高，女孩还会关注哪些方面呢？如果不思考这个问题而只在意自己的身高，就无法在其他方面努力和突破，这样永远也不会有人喜欢自己。当然有女孩会喜欢个子矮的男生，从而迎来人生逆转；也有人觉得略带自卑感的人相比高高在上的男生更显可爱，最重要的还是要想着如何跳出身高缺陷的自卑。

我常年减肥，却不断反弹，总是无法实现减肥

第二章

我也不想，但就是会在意

梦。以前，我没有喜欢的人，也没有人喜欢我。在这种情况下，我不敢去参加联谊，即使有人说要给我介绍对象，但想到自己会被拒绝就失去了兴趣。以后要是瘦下来的话，我想找一个优秀的男生。（女性，32岁，呼叫中心客服）

大家都清楚，身高等因素无法改变，因此很多人会思考如何放弃增高而发挥其他矮个子的优势，而觉得自己太胖的人当然知道胖可以改变，所以要减肥。

努力控制饮食就会慢慢瘦下来，于是就想再加把劲多瘦一些。然而通常情况下，即使通过节食瘦下来也极容易反弹回去。有的人会暴饮暴食，因大吃大喝而导致肥胖。因此，把握好食物的热量，记录吃下的食物并减少大量无效食物的摄入也确实有一定的意义。但是，一般而言，特别是对女性来说，除了因为精神压力大而吃太多外，过量饮食的情况几乎很少，所以体重未必受人控制。每个人的体质不同，无视这一点并定下目标"要像某模特那样瘦""绝对要减到多少公斤以下"，这类违背身体规律的事其实毫无益处。

上文说的森田疗法中，有句话叫"事实唯真"，即承认现实情况。也就是说，不要依据头脑中的想象，而应该承认客观事实并在此基础上采取行动。由此派生出一句话叫"无法改变的事情就算挣扎也没用，还不如去改变可以改变的事情"，这种态度尤为关键。例如在人前容易脸红害羞的人，只要慢慢地不去在意别人的眼光，以后也就不会那么胆怯了。反之，一门心思地祈愿"不要脸红，不要脸红"，其实并没有用。这时，倒不如想办法吸引对方的关注，以此来给人留下好印象。例如可以使用善意的谎言：我在真正尊敬的人面前，总是抑制不住地脸红。这么做

第二章

我也不想，但就是会在意

的话，脸红反而会成为自己的有力武器。如此一来，别人就能看见你的诚恳，即使说的是奉承话，但由于你确实脸红了，所以别人也会相信。最根本的是一定要弄清楚哪些事情可以改变，哪些事情无法改变。

我经常听考生说"老天给我们的时间无法改变，但我们可以改变使用时间的方法"。不过，有时候这种能改变与不能改变的区别会因个体不同而产生不同程度的困难。我们此前提到的体型问题是这样，收入也是这样。

穷人变富豪确实极为艰难。于是，有的人就想通过赌博来改变自己的现状，但成功者寥寥无几。只有脚踏实地，一步一步改变才是正道，只有花时间才能创造可能。对于一时之间无法改变的事情，需要先做好计划再采取行动。

做出正确的判断确实很难。每个人的情况不同，如果不试一试根本不知道。只有试过之后，才能朝着可以改变的方向努力。正如有的人能顺利减肥，有的人总是反弹一样，反弹的人与其在减肥上花费心思，不如转换思维在其他领域放手一搏。

😄 再次检验自己的目标

我通过短线炒股获得了大量资产。不过，现在我都不知道该怎么花，于是干脆把钱都存在银行。我每天在家对着电脑忙，生活偶尔也感到空虚。（男性，38岁，自由职业者）

本章涉及的"选错方向"的自我意识过剩者，多是想成为有钱人，想瘦下来，想受欢迎等带有个人目的的人，这也称为自我目的化。本来"想实现这个目标"，然而原本作为实现这个目标的手段，却成了目标。

日本的富豪大多属于这种情况，当他们成为富豪

第二章
我也不想，但就是会在意

后，却基本上不再用钱了。他们既不捐赠，也不做公益。因为他们只是以成为富豪为目的，所以成为富豪后便没有了方向。而美国的富豪有了一定的资产后，会考虑自己应该做什么，例如像比尔·盖茨那样为社会捐赠。因为他们会思考"虽然我实现梦想成了富豪，但从现在开始这些钱该用于哪些方面"的问题。

相比不知道如何用钱，将钱存起来的人，像堀江贵文①那样敢于说出"想去一趟宇宙"的人才会活得更有意义。

😄 为什么要放弃大脑训练

以前十分流行的大脑训练，据说能让42岁的人欣

---

① 日本知名门户网站活力门（Livedoor）的前总经理。——译者注

可是我还是会在意：
摆脱自我意识过剩的 8 种方法

喜地实现"大脑年龄只有22岁"。但是，当大脑年龄变成22岁时，却不一定能继续胜任他们现在的工作。如果这种情况真能实现的话，大脑年龄变成22岁，其思考力会更灵活，记忆力也会更强，利用这一特点去考取资格证书，接下来就应该是开始学习。这样将大脑年龄年轻化作为自我的目的，完全没有意义。此外，人们常说"吃了鱼油中富含的二十二碳六烯酸（DHA）后大脑会更聪明"，那么吃完后更应该去学习，但多数人只是吃完而已。不仅如此，像上文中所举的那个想通过减肥找到男朋友的例子那样，当瘦身成为目标后，也可能会对本质目标的实现产生坏的影响。

例如，一名女性好不容易能和一名男性去吃饭，却告诉对方"我正在减肥，所以基本上不能吃"，这样说让对方觉得这名女性缺少魅力。这名女性其实是由于这种原因才不受欢迎的，但本人却觉得没人喜欢自己是因为自己太胖。

第二章

我也不想,但就是会在意

目的是什么

我再瘦一点,就去表白!

她是嫌弃我吗?

不去了。

等我瘦下来,我就去表白!

一起去吃个饭吧?

可是我还是会在意：
摆脱自我意识过剩的 8 种方法

　　这位想瘦下来后找个男朋友的女性，真正的目的其实就是为了恋爱，因此与其整天想着如何瘦，还不如听听别人的意见，提升自己，或者多和与自己有相同兴趣爱好的人交流，这样的话，就能将很多优点展示给对方。像这样搞错了方向的人，往往会让他人觉得"这个人这么做，目的到底是什么"。

　　因此，当你拘泥于一件事，而且是一件小事的时候，就应该先停下来调整思绪。例如，在意自己太胖的人可以想一想"为什么胖就不好"，然后可能会发现相比胖，没人喜欢自己本身才是应该深入思考的。

　　看问题的视角应当保持多样，既有嫌自己胖而减肥的女性，也有人想找保持本真的人，这一点十分关键。有必要想一想那些担忧自己不漂亮就没人喜欢的人，变得漂亮之后是不是就得到幸福了。

　　有很多女性都有这样的经历，原本是想要过上幸福生活才与某人结婚的，但结婚之后才发现对象要

第二章
我也不想，但就是会在意

么异常自私，要么令人讨厌。从本质上说，"对方是个好男人，所以要是和他结婚就会生活得快乐，而他也会疼爱孩子"的想法，只是一种自我描绘的愿景罢了。然而，很多人在不知不觉中错误地将找对象视为目标，想着被对方抛弃就会难受不已，因此拼命维系着这样的关系。但如果发现对方非常自私、令人讨厌，感到"为什么这么奇怪，为什么和我想的不一样"的时候，就应该重视这样的违和感。

如果未来想过得幸福，就应该想到"这个人不行，我最好另找对象"。产生违和感的时候，首先得问自己"我的目标是什么""我是不是弄错了方向"。无论是目标还是其他方面，建议都要时不时地检验一下，看看自己的意识、行为是不是在沿着正确方向发展。如果发现方向错了，就应该马上调整。

第三章

根本没人理解我

第三章

根本没人理解我

😊 对别人的话天然排斥

我天生悲观，总是把事往坏处想。到现在为止还单身。我既没有特别的能力，同时因为是派遣员工，工作不稳定，生活也无法得到保障。这样的我，大概会成为社会负担，说不定什么时候就会孤独地死去。有人劝慰我"自由自在怎么都行""有工作就是幸福"，但我觉得那只是漂亮话而已。（女性，37岁，派遣员工）

抑郁症的三种妄想分别是情绪妄想、罪孽妄想和贫困妄想。

第一种是情绪妄想。具体而言就是总觉得"自己得了重病"或者"虽然谁都没告诉自己，但是自己确实得了重病，而且命不久矣"。以幻想自己得了胃癌的人为例，这个人说"最近胃不舒服，总是想吐"，就是因为这个原因。患抑郁症之后，人往往感觉恶心想吐，没有什么食欲，因此出现这种情况其实并不意外。听闻此事后，朋友、家人就建议他"要是担心就去医院看看"，然后将其带到医院。在医院做完胃镜，医生告诉他什么病都没有。然而，他还是认为大家都在隐瞒他，并依然笃信自己得了癌症。这种情况就属于情绪妄想。

所有的妄想就像精神分裂症一样，当别人指出自己的错误想法时，自己反而坚持"你说错了，我才是对的"，在精神状态方面表现得对别人的话充耳不闻。同样，因忧郁而产生的妄想，有时候甚至无法被说服。

第二种是罪孽妄想。在这种情况下，人要么觉得"我罪孽深重""我是大恶人"，要么虽然没这么严重，但仍因忧郁而无法工作，可能会认为"这样的我就是大家的负担，我是个毫无价值的人"。至于因忧郁而需要照顾的老人，可能还会说"我给大家添了这么多麻烦，不如死了算了"。

第三种是贫困妄想。就是深感"我没钱""自己越来越穷"，担忧生活难以为继。

即使周围的人都否定这些妄想，本人也难以调整和接受。我刚到东京大学附属医院精神科工作时，当时带我的老师森山公夫先生曾意味深长地告诉我："躁郁症是一种自我执念类疾病，因此不能总想着自己那些事。"

如前所述，抑郁症患者会妄想"我病了""我做了坏事""我很穷"。这里的主语全部是"我"。简言之，三种妄想的特点就是满脑子全是自己，然后对周围的人视而不见。

还有一种病叫作狂躁症。狂躁症的妄想与抑郁症的三种妄想正好完全相反。患有狂躁症的人要么吹嘘自己"即使熬夜也绝不会得病"或"暴饮暴食也不担心有疾",要么坚信"自己正确""自己是正义的化身",要么显出一副旁若无人的样子,说"我将要变成一个超级有钱人"之类的话,然后开始胡乱投资。

虽然抑郁症和狂躁症的症状正好相反,但在"眼里只有我"方面却完全一致。不管怎么说,人类这种生物就是一旦觉得自己是内心世界的主宰后,就听不进去别人的话了。

在第二章,我们列举了拘泥于小事而看不到大局的案例。我希望大家明白,人一旦陷入执念就看不到其他事物这一道理。像圣德太子①那样能洞察万事的人还是少数的。

当然,有不少人即使不是像狂躁症或抑郁症那样的精神病患者,也仍然不愿听别人的话,认为自己绝对正确。一些有执念的人,从正面来说往往可以推动

---

① 日本史上有名的政治家,用明天皇的次子。——编者注

历史进步而备受瞩目，但大部分有执念的人都无法处理好人际关系和工作，最终埋没在历史长河之中。

😀 为什么不敢说真话

前几天发现丈夫有外遇，这令我苦恼不已。虽然他已经和外遇对象分手，我们聊过后也打算重归于好，但是，他的背叛让我的精神备受打击。由于我仍爱着丈夫，因此每天都感到悲伤，满脑子都是这些事，不想与任何人交流，更不愿向身边的人倾诉。遭遇背叛这种难堪的事情，我无法言说，而家庭幸福的人也不可能理解。父母和妹妹似乎觉察到我的状态不好，而我只能瞒着他们说"什么事都没有，只是有点疲劳"。（女性，35岁，家庭主妇）

就像上面这个例子那样，在只考虑自我问题的人之中，有人不仅不听别人的话，反而觉得"反正别人都这么想"而不愿向别人吐露心声。这些人可能觉得说了也是白搭、说了反而更惨、被人说三道四很麻烦或者不好意思张口等。也可能担心如果暴露了自己的软弱，此前在人际关系中自己作为倾听者或者强者的形象就会轰然倒塌。

当然，并不是说任何人都能成为别人的倾诉对象，但是将自己的心事坦诚地告诉别人，别人才会理解"原来你曾有这样的遭遇"。这样，你们的关系有可能会更好。如果人们一开始就不去设定"别人理解不了我"，而选择在痛苦的时候找人倾诉，自己才有可能变得更快乐。

我做事很认真，工作虽然很忙但从无怨言，而且工作量是别人的一倍多。然而即便如此，我总觉得自己在职场上处于孤立状态。看看周围，似乎大家都在袖手旁观。为什么我如此拼命，却换来这种结果？

（女性，33岁，物流公司员工）

该女性的想法存在很大程度上的误解。她努力工作，别人却袖手旁观，很可能是她的做法让别人产生了一种错觉，让别人觉得"她想自己一个人做"而无须别人帮忙。简言之，这种人属于那种什么都想自己做的大包大揽型人。她其实在向别人传递"不自己做不行"或者"让别人帮忙不好"的信息。

对自己的事最抱执念或者凡事都大包大揽的人，往往不愿向别人敞开心扉。他们不听别人的话，不关注别人的事，这是因为他们过于关注自己，已经没有余地和精力去关注别人了。例如，他们会认为"别人看到自己落魄只会当笑话""麻烦别人太可耻了"。这种想法在某种意义上是一种"自爱病"。

也就是说，过于强调"自爱"，就会觉得麻烦别人

可是我还是会在意：
摆脱自我意识过剩的 8 种方法

你制造出了一种错觉

既是对"自爱"的伤害,也是一种可耻的事情。于是,这些人就会产生一种"别人不会对自己这么好""对别人有所期待会遭到背叛"等对人不信任的感觉。

其实,我们应该坦率地面对别人,不要觉得所有人都是坏人。这样简单一想,过于执念和大包大揽的情况就会好很多。

😄 不会示弱者的不足之处

因为对别人的不信任,所以不想让别人看到自己柔弱的一面。对此,《日本人的心理结构》[①]一书的作者土居健郎先生就用了"不会示弱的人"或"撒娇耍泼"这样的语言来分析该问题。这本书自1971年出版

---

① 日文原书为『「甘え」の構造』,中文版由商务印书馆出版。——编者注

以来，不仅在日本，在其他国家也十分畅销。

"示弱"原本作为非良好依存关系的表达用语而经常被使用。不过，土居先生在该书中的主张却与之截然不同。土居先生认为示弱并不是坏事，而且不会光明正大地求助反而不行。会求助，就需要能够期待别人善意。而欠缺这种能力的人往往任性、乖僻、爱闹情绪。

举一个简单的例子。例如，宴会上发现自己的啤酒杯是空的。这时候，会示弱的人就会说"我都没注意大家的杯子都倒满了，不过我想一会儿应该也会有人过来给我倒上，所以等等也没关系"。相较之下，不会示弱的人看到自己的啤酒杯是空的时，可能就会想"为什么单单把我落下"，然后独自倒酒，开始喝闷酒。换言之，当这个人的心理诉求没有得到满足时，他就会觉得周围的环境很糟糕。

如果是在其他国家的话，人们就会直接开口说想要点啤酒，但日本人却总是期待对方主动帮助。如今情况已经与以前大不相同了,然而,不会示弱的人不知道自己有这样的特权,也对别人不怎么信任。这些人稍有风吹草动,就埋怨别人为什么针对自己,并对此颇有成见。但周围的人并没做什么,只是自己不会示弱而已。

这样的人不要动辄就质问"为什么",而应该学会示弱和嘱托,然后培养与别人正常沟通的能力。从这种意义上来说,就像前文中的例子所讲的一样,自己"虽然很努力,但大家都不愿接受并配合自己"。其中原因,也是因为不会示弱。

例如,要是自己感到很辛苦,不妨向别人说一声"能不能帮我一下"。只要说出"帮我"这个词,可能就会有效。反之,如果觉得"被当作冤大头"或"丢脸"而不主动示弱,那么周围的人肯定不会伸出援手。结果自己得不到别人的善意,却认为别人不帮自己。

工作繁重的时候,要坦率地告诉周围的人。只有能做到让对方说"好，我来帮你吧""做到这个份上就可以了"的人，才不会被孤立。觉得别人对自己不好的人，眼里往往缺少他人的存在。这样其关注点就会越发集中在自己身上。这时候，如果有一个人告诉你"你努力过了火"，那么对方就是你的贵人。

在精神疗法中医生或精神理疗师就扮演这样的角色。他们会告诉患者"你努力过了火""你最好向别人求助""你这种情况我也担心"之类的话。只要患者意识到自己和周围环境之间的矛盾，那么他们大多会以此为契机学会示弱求助。

😄 让心情保持愉快的思维方法

土居先生认为，不会示弱的人是因为在孩提时代没有示弱或撒娇的经历。

婴儿时代，即使不说"我想喝奶"也会有奶喝。

第三章
根本没人理解我

也就是说,就算自己不说,母亲也会满足自己的心理需求。但是随着逐渐长大成人,撒娇却变得艰难起来。这时候,父母开始不再主动满足孩子的心理需求,并且要求他们自己做事,自己思考,努力学会自立自强。因此,撒娇变得越来越难。不过,这时如果早已经形成对母亲的基本信赖,孩子还会说出"妈,我想要这个"的话,并觉得撒娇很好。

长大成人后进入社会,如果不主动说"我想要这个"就无法获取相应的东西,这种现象越来越普遍。但是对人的基本信赖,比如自己心里认同"朋友应该会理解我"或"人在某些地方可以相互理解",就不会因封闭自我而成为自我意识过剩的人。

脑科学家、解剖学家养老孟司先生在其畅销书《傻瓜的围墙》[①]中指出"认为人能够互相理解的幻想

---

① 日文原书为『バカの壁』,中文版由天津人民出版社出版。——编者注

很愚蠢"。在某种程度上,这种说法确实正确,但未免有些悲观。

不难看出,土居先生和养老先生对人的看法完全对立。养老先生认为,人会幻想对方能像接受他自己的想法一样接受别人的想法,因此会引发诸多问题。土居先生则认为,对方本来可以理解,你却觉得不能理解,因此任性闹情绪,从而产生很多病理问题。养老先生的说法更接近欧美国家的人们的普遍想法,他们相信语言常常伴有误解。不过他的书之所以畅销,也许是因为"互相理解是一种幻想"这种对人的看法已经风靡日本。

在这里,孰对孰错难有定论。养老先生作为一名脑科学家,有可能是其思维方法具有典型的唯物论色彩(例如从大脑有自己的思维法则这一观点出发来解读人的行为),因此才得出这样的结论。

大概同是精神科医生的缘故吧,我比较推崇"人能互相理解"这一观点。尽管不能百分之百地理解，但只要能够理解一部分，允许别人对自己示弱，人生也能获得很多快乐。

😄 从关注错误认知开始

作为家长教师联谊会（PTA）的干事，不管我做什么，周围的人也不会动手帮我，所以我感到十分辛苦。其他妈妈都会找各种理由经常不参加活动，只有我负担沉重。（女性，42岁，家庭主妇）

觉得只有自己很惨的心理状态，属于"任性""固执""爱闹情绪"这类病理。对此，不要一个人钻牛角尖，如果觉得"只有我被贫穷圈定""和周围人相比，只有我责任最大"，不妨坦率地告诉上司或同事。如果上面例子中的主人公因PTA而烦恼，可以找负责人沟通，或者告诉其他干事自己的负担太大。这样可能比较合理。

如此一来，就会避免很多误会，同时也有可能发现自己在做事方法上存在问题。因为人只有在发现问题后才会采取行动。例如，以前日本的银行下午3点就关门，我就觉得没有比银行工作人员更轻松的工作了，但实际上3点之后对他们来说才是"地狱"。银行3点关门之后，他们的工作才真正开始。以前他们有时会去农家帮忙干农活，只希望对方能在他们的银行存钱或办理业务。所以银行工作人员的工资高出来的部分，通常是加班到晚上11~12点所得，当然有时候甚至没有加班费。

因此，从表面上看，别人似乎很清闲，但实际上他们和你一样努力，非常辛勤。只要你和别人聊一聊，就会明白别人和你一样辛苦。或者对方压根什么都没想，当你倾诉完后才发现对方竟然非常热情，愿意帮助你。可是，你要是不说明白的话，问题就无法解决。

与其只想着自己的心事，不如按照上述做法去了解他人，这样彼此之间的误解才能消除。这和前文所说的示弱有一定的关系，如果在意那些事情，就大胆说出口，这样才会产生效果。

当然，如果对方没有注意到你的话，他也有责任，但对于有些事，如果不说出口，示弱就不算成立。这类情况比比皆是。

你要记住，即便你一个人默默努力，对方一般也不会问"你很辛苦吧"。如果只关心自己的事而不在意别人，互相之间就无法好好交流，而你自己也会被别人疏远。这样一来，你就会越来越缩到自己的"壳"里，并变得越来越偏执。为了避免发生这种问题，同时将听不进别人意见的"抑郁症的三种妄想"作为反面教材，关键就在于学会尽可能地倾听。

可是我还是会在意：
摆脱自我意识过剩的 8 种方法

正如土居先生所说的那样，自己稍微向对方撒一下娇，其实是一件非常好的事情。这种撒娇不是死缠烂打，而是发自内心地稍微问一下对方"能不能这么做""能不能请教一下"，以一种拜托和期待的心理去了解做法是否可行。

不要一味地抱怨"为什么总是我"，而应先试着想一想"莫不是我没有完全听懂对方的话"或"是不是我没有坦率地向别人示弱"。这样的话，我们就不会武断地认为对方不理解自己，从而相信别人会接受自己的示弱而主动提供帮助。如果能做到这样，你就会从眼里只有自己的世界中逐渐走出来。

第四章

「都是我的错」会让人情绪低落

第四章
"都是我的错"会让人情绪低落

😊 觉得什么都和自己有关系

我的兴趣是写博客。前几天,我写了一段关于某个吹奏乐团的故事,谈了谈我喜欢他们什么。昨天打开电视,我看到一位女明星用了和我写的内容同样的语言来赞扬这个吹奏乐团,这令我十分惊异。莫不是她看过我的博客?(男性,21岁,打工者)

自我意识过剩的人在思考问题的时候很容易将所有的事都往自己身上扯,心理学称这种情况为"自我关联"。他们理所当然地觉得世界上的事要么都围着自己转,要么自己的力量能够推动事物的发展。

如上所述,确实有些人会觉得自己的行为肯定会给社会带来某些影响或者因为得益于自己写的博客,

可是我还是会在意：
摆脱自我意识过剩的 8 种方法

所以那个吹奏乐团才火起来。实际上，没有那么大影响的人才往往容易想太多。影响的大小本来就难以确定，真相如何根本无从知晓。

有时候我也会想："这说的是不是就是自己？"很早之前，我做电视评论员的时候曾经说过"使用带有'我我欺诈①'性质的语言不好"。我还说过"起了这个称呼后，大家就意识到有人打电话说'我我'就是欺诈，但却上了不说'我我'的诈骗的当。这些诈骗的共同特点就是当天转账，也就是让你当天就汇款，因此称之为当天'转账诈骗'比较好"。后来有位电台导演告诉我，我的呼吁被警察看到，"转账诈骗"这种叫法便流行开来。

---

① 日本电话诈骗的一种形式，骗子冒充在外的子女给独居老人打电话，谎称自己出事了，急需钱来摆脱困境，因此老人们经常惊慌失措地将钱寄过去。由于犯罪分子经常在电话的开头急促地说"是我，是我"，故得此名。——译者注

第四章
"都是我的错"会让人情绪低落

当然,也许其他人先有这样的提法也说不定,但不管怎么样,我姑且信之。因为我乐意认为自己是"转账诈骗"的命名人。因为没有得到官方的正式宣布,所以真相如何不得而知,不过,我还是觉得也许这就是事实。

人就是这样一种单纯的动物,当听到世界因为自己而改变时,他会无比感动,然后满心欢喜地说"啊,我是'转账诈骗'的命名人呀"。

世间当然有勤恳之人,我经常会收到办补习班或者小有成就者的来信。一年之中,他们会将写着自己学习方法的长草稿或自己做的类似书的东西寄给我,他们希望我能将他们写的东西推荐给出版社。总而言之,我收到很多这类东西。然而十分抱歉的是,我基本上都没看过。我有很多事要忙,确实无暇顾及。这些人却还是一直在关注我,当他们读到我的书后发现有些内容和他们的雷同或有些思想相近,就开始打来

可是我还是会在意：
摆脱自我意识过剩的 8 种方法

电话抗议或者发来信件说我抄袭。这时候，我就不得不找出"你送来之前我就在其他书中写过了"之类的证据，真是麻烦不已。

如上所述，人总是想着自己会对别人产生影响。在社会上，就像本节刚开始举的那个例子一样，总有人误以为某知名人士偶然说的话就是自己在博客上写的东西，觉得那个人就是自己博客的读者或者有读者给他传达了这些观点，别人说的都像是自己的表达。

不过，错觉也不都是坏事。有这样一个例子，我十分尊敬的精神分析学家科胡特在维也纳就读大学期间就曾发生过这样一则趣事。有一次，科胡特的精神分析学的老师，也是弗洛伊德的弟子告诉他："弗洛伊德受到迫害要乘坐东方快车从维也纳逃往伦敦。我去的话会引起别人的注意，所以我不能去车站送别，你如果想见弗洛伊德，那么就趁这个时间去送送他吧。"然后科胡特就去车站送行了。当他脱下帽子向

第四章
"都是我的错"会让人情绪低落

弗洛伊德打招呼的时候，弗洛伊德刚好戴上帽子。于是，他认为弗洛伊德是看到自己这么做后才戴的帽子。

科胡特在传记中也曾揣测弗洛伊德此举可能是偶然。但是，即便是偶然，他也觉得这是弗洛伊德对他的一种认可。之后，这个误会一直支撑着他，直到他成为美国最有影响力的精神分析学家。对科胡特来说，这样的误会堪称福音。

缺乏自信的人，如果能将自己的执念转换成力量，觉得正是得益于自己才有这样的结果，也并不是什么坏事。例如，当你陷入繁忙的工作之中时，你可能会怀疑自己是否真的在发挥作用或自己有没有活着的价值。对此，如果想的是自己发挥了重要作用或没有自己这个工作就没法开展，那么你的工作就有了意义。

可是我还是会在意：
摆脱自我意识过剩的 8 种方法

😄 难道全部都是自己的错

我在销售部从事管理工作。前期，本部门的业绩一直下滑，我觉得如果自己再多努力一下就不会这样，因此深感自责。当我能胜任工作且身体好的时候，整个部门都能好起来，因此我一定要管好自己，把业绩搞上去。（男性，33岁，企业员工）

喜欢自我关联的人，当事情进展顺利的时候他们觉得都是自己的功劳，当事情进展不顺的时候觉得全部责任也都应该由自己承担。

如前所述，出现好事的时候如果觉得是自己的功劳有可能会产生积极效果。但是，出现坏事的时候如果认为"全是我的责任"却会带来很多弊端。因为这样容易让人变得抑郁，甚至产生自我行为限制问题。

第四章
"都是我的错"会让人情绪低落

对于"因为是我的责任"而情绪低落的人，请你牢记：不存在100%是自己的责任这样的事。因为无论成功还是失败，无论是工作还是其他事，几乎没有完全不依赖别人、百分之百由自己完成的。

谈恋爱仅仅一个月，我就被初恋女友甩了。她虽然没说分手的理由，但我觉得她肯定是嫌我胖，看不上我。也许今后不会再有人愿意和我交往了。（男性，20岁，学生）

正如这个例子所表现出来的那样，很多人在失恋的时候不是将全部责任归咎给对方，而是觉得自己的责任更大。然而，事实果真如此吗？

即使胖是分手的其中一个原因，也绝不是失恋的唯一原因。即使是胖，但如果女生不介意，也根本不至于此。也许胖确实是该男生失恋的原因之一，但对方不能接受胖也有问题。实际上,有很多女性甚至更喜欢胖一点的男性。

然而,只要觉得分手就是自己的原因,那么很难进入下一段恋情。这是因为,一旦笃信分手是因为自己的某个缺点,以后就会陷入其他异性也会讨厌这种缺点的错觉怪圈。所以不要觉得全都是自己的错,想一想可能是性格不合或者对方的想法也许存在问题,这样就会好一些。人不能只把坏事进行自我关联,一定要注意这一点。

例如,对象提出分手后,觉得全部责任都在自己的人,即使在工作等其他场合时,本不应该承担很大的责任,但一旦想到自己的恋爱经历,也会觉得"我就是这样没用",然后把责任都揽到自己头上。这些就属于这个人处理不好的地方。再以考生为例,他们在其他方面努努力就能成功或者做好,唯独在学习上不尽如人意,这时候只要提到学习就全部归咎于自

第四章
"都是我的错"会让人情绪低落

己脑子不聪明。

将一部分小小的问题,特别是没有处理好的事与自己关联起来,其实压根不会产生积极效果。如此一来,甚至还会因为觉得自己不行而影响了今后的行动,从而成为消极人生的祸根。因此,不要总是将目标放在自己身上,要尽可能地探究自己为什么没有处理好相关问题,然后采取行动进行补救。

😄 从"都怪我"到重获自由

对于极端自我关联的人,一定要明白,无论是好是坏,人都是主观动物,因此价值观只是一个相对的东西。

举一个不知是否恰当的例子,有些主持人或者模特,她们在其所在的领域或许只是普通人,但是在一般人看来她们却是美女。这就是所谓的相对。再比如

可是我还是会在意：
摆脱自我意识过剩的 8 种方法

关于是否擅长打棒球，一般来说，每年春、夏季甲子园[①]比赛大约会有50所学校入场，每所学校基本上有18个队员，每年大概共有1000人参加比赛。这么多年算下来仅在甲子园出现过的选手至少有好几万。不过，其中的专业棒球选手远远没那么多。每年出现在甲子园的1000人中，当年还是高中生的专业选手大约有二三十人。就算包括高中毕业进入社会或者考进大学的专业选手在内，也就50人左右。当然，除此之外还有一些没有进入甲子园的专业选手。在这些人中，也只有一成左右是正规成员。即便如此，就算没有成为专业选手的人在镇上的棒球队或者少年棒球队当教练，也会被周围的人投去崇拜和尊敬的目光，说"那个人进过甲子园"。如何看待这样的人，

---

① 一般指阪神甲子园球场，是位于日本兵库县西宫市甲子园町的著名棒球场，日本"棒球圣地"之一。——译者注

第四章
"都是我的错"会让人情绪低落

就涉及价值观的问题了。"进过甲子园,所以打棒球的水平很高"与"没有成为专业选手,所以是个落选选手",两种观点迥然不同。

上文列举的主持人或模特的例子,是一个价值观相对有差异的问题,也很好理解。她们在主持和模特领域虽然相貌可能只是普通,但在其他领域却是超级大美女。假设她们当了律师,那么很可能会被称为"美女律师"。同理,她们当了医生,也就成了"美女医生"。也就是说,你所在的环境发生变化,你的附加价值也会有变化。此外,如果她们当选为市议员,就会成为"绝美政治家"。要是尝试创作一些评价标准比较模糊的和歌或者川柳①,那么说不定什么时候就会变成众人口中的"美女歌人"或"美女川柳作家",因此声名鹊起。她们这么做来提高自己的附加

---

① 日本的一种文学形式。——编者注

可是我还是会在意：
摆脱自我意识过剩的 8 种方法

所在环境发生变化，价值也随之变化！

在镇上的棒球队

哈哈哈！
厉害！
厉害！

我可是进过甲子园的人！

在专业棒球界

是吗？
我拿过冠军。
我也是。
我也是。

080

第四章
"都是我的错"会让人情绪低落

价值，在我看来并不是狡猾的生存方式。

人类的意识是相对的，因此巧妙利用这一点而实现自己的愿望并不是什么坏事。假设这里就有一个觉得"只要和美女结婚就能幸福"的人，他认为只要能娶到美女其余什么都不重要，自己多穷也没关系。如果这是一个其貌不扬且没什么志气的"废柴男"，那么想要让他实现目的，该如何激励他呢？该劝他"努力进取，提高技艺"或者"好好学习"吗？但是，即使考上东京大学或是当了医生，没能抱得美人归者也大有人在，所以这并非良方。

要是我的话，相较于让他自我磨砺，我会劝他先当个模特俱乐部的经理。简言之，就是最好选择能够多接触美女的工作。在模特俱乐部里，一个经理大约管理100人。要是升为顶级模特管理经理另当别论，在普通的模特俱乐部里，1000个模特会由10个经理管理。如果这个时候激励他努力工作提升业务水

可是我还是会在意：
摆脱自我意识过剩的 8 种方法

平，取得很好的业绩，就很有可能赢得崇拜强者的美女的青睐。这样的例子不胜枚举。

也就是说，在一种环境中获得的评价很低的人，换了另一种环境可能获得好评，甚至实现逆袭。

话说回来，我希望极端自我关联的人，应该学会相对地看待自己在社会中所处的位置。在学生时代，有所谓的偏差值①或某一指标下的上下之分，但到了社会上，评价的标准开始千差万别。因此，想要在团体之中寻找自己的位置，应该要学会相对地思考问题。如果不这样做，就无法了解自己在团体中的作用大小，要么觉得没有自己整个工作就没法开展，要么觉得都是自己的问题而导致失败，从而掉入以自我为中心的思维陷阱。

---

① 在日本，反映学生的成绩在所有考生成绩中所处的位置。——编者注

谦虚务实的人都懂得相对思考的道理。因此，如果能意识到自己可能不太受欢迎，就要思考如何改变自己或者所处的环境，一旦有了这样的想法，整个世界都会豁然开朗，并最终得偿所愿。

😄 找回自信平衡点

在某些事上觉得"这是我的功劳"或"这都怪我"，对自己和他人来说有时候会产生积极作用，但有时候也会产生消极作用，这些都是相对的。因此，适度的自我关联才是最好的。

至此，我们已经讲过自我关联过多的情况，但实际上也有人会有自我关联过少的情况。

自我关联过多，就会觉得"什么都是我的功劳"或者"一切都怪我"。与之相反，自我关联太少，往往就会觉得"没有我也没关系"，从而失去自信。对于这些自我关联太多或太少的人，我经常建议他们先休息一下，这样的建议有两层意思。

第一层意思是，对自我关联多的人来说，他会觉得"我休假后公司就没法运转"或者"我休假后公司就会遇到大麻烦"。第二层意思是，如果自我关联过少并认为"反正没人在乎我""我被完全无视"或者"被轻视"的人，觉得自己休息一天也不会有什么影响。但休息之后，两者都会发现自己想错了。

简言之，自我关联过多的人休假一天后，本以为自己不在，公司没法运转，结果发现公司运转得很好。相反，自我关联过少的人休假之后，发现就连复印这样的小事也离不了自己，而且也让其他人明白了"没有自己确实很麻烦"。特别是对于那些自我意识过剩，深深觉得没有我公司就没法运转但又不会辞职的人，他们可以借此看清现实，然后修正自己的做法，这才是关键。反过来，对于没有自信的人，要让他们多一些自我关联，并意识到自己也有影响力。以自我关联来合理地自我调整，心情自然会明朗许多。

第五章

不要执念过去

第五章

不要执念过去

😄 对过去抱有执念

从小时候开始,即使我什么错也没犯,父亲也会无故发怒或对我进行体罚。学了很多心理学知识后,我发现自己现在处理不好人际关系就是因为小时候受到了父亲的虐待。每当我觉得自己的痛苦人生是拜他所赐,就不由地"气"由心生。(男性,35岁,银行职员)

对自己过去的经历耿耿于怀,也属于自我意识过剩的表现。

执念的往事可以分为两种,一是糟糕的过去,二是美好的回忆。首先,我们先介绍认为过去很糟糕并因此产生心灵创伤的情况。

本节开头的例子就是执着于糟糕的过去的典型，也被称为"成年儿童"（Adult Children of Alcoholics）。所谓"成年儿童"，原意是指这个孩子由酗酒成性的父母养大成人。酗酒成性者在其没喝酒的时候大多是个做事认真的好人，但在喝酒之后就会变得行为暴力、语言粗暴，甚至对配偶施加暴力，让家庭陷入惨状。因此，他们的孩子总是战战兢兢地希望他们不要饮酒，保持良好的心情。在这样的环境中长大的孩子，往往非常在意别人的态度，不敢说出自己想说的话，从而成为"成年儿童"。

在日本，相关专家将其影响放大，认为这些孩子在父母的强压下长大，他们只敢察言观色，不敢表达自己的主张，而这些专家的著作也因此畅销。不少之前并没有特别在意自己过去经历的孩子在读了这类书后，开始注意到"原来父母是逼着自己学习"或"我现在不敢说话是因为父母的压迫"。

第五章

不要执念过去

最近,在媒体新闻中,虐待、欺凌、心灵创伤等词层出不穷,因此越来越多的人觉得"因为此前受过心灵创伤,所以现在不幸"。于是,他们开始将现在的坎坷全部归咎于过去的遭遇。如今生活不如意,是不是就应该怪过去?

当他们认为"正是有这样的原因才导致这种结果"后,就不愿再寻求解决方法。也就是说,他们虽然对过去有很多的憎恨与埋怨,却不试图去改变。面对糟糕的人际关系,他们会告诉自己这是曾经不幸的产物,因而无法改变。一言以蔽之,他们将一切归咎于过去。所以,面对未来他们不愿努力,自身状况也不会得到改善。如此一来,"当下的无可奈何是因为过去的遭遇导致的"这种心理就会不断升级,引起恶性循环。

即使是呼吁"改变现状"的心理学相关书中,竟然也写着你的无意识以及集体无意识都是由于存在

可是我还是会在意：
摆脱自我意识过剩的 8 种方法

无法改变的"业"或"你的如今本就是因为过去"。然而，要是将这样的观点奉为圭臬，就会陷在其中而无法自拔。例如，有人觉得"我曾经被人欺负过，所以才导致这样"，因此一直都对欺负自己的人怀恨在心，并始终印在脑海。特别是如果曾经施虐的人是父母，那么他们就会直接大发牢骚，并常常责骂父母。在这种情况下，很多上了年纪的父母甚至会被骂到抑郁。父母原本只是劝其"好好学习，认真做事"，却有可能被贴上"无形虐待"的标签。

借此我并不是想强调要同情父母，而是想说如果你只执着于过去的不幸，并将怨恨挂到嘴边，就无法拼在当下，也无法获得光明的未来。执着于过去的不幸，会成为不去改变自我的最大理由。

第五章

不要执念过去

😄 摆脱往事的阴霾

在家得不到父母的理解,在学校受到同学的欺负,我的青春时代黯淡无光。大概正因为如此,我不擅长与人交往,和"妈妈友①"的关系也不怎么好。每当看到被大家喜欢且生活顺利的人,我就会产生一种似不甘又似憎恨的心理。(女性,38岁,家庭主妇)

执着于过去的不幸,会导致恶性循环。但是,应该也有人会感叹"过去经历过痛苦和坎坷,但那也是没办法啊"。

执着于过去苦难遭遇的人,确实容易变得性格乖张。他们要么不能宽容待人、做事苛刻,要么一个人闭门不出、十分孤僻。相比而言,能记住过去美好

---

① 在日本是指年幼孩子(多为幼儿园、小学)的母亲间的交友形式。——译者注

可是我还是会在意：
摆脱自我意识过剩的 8 种方法

的人则能温和待人。他们都是能回忆起"我有今天，都得益于大家的照顾"或"那时候，我得到了如此的帮助"的人。那些并非只耍嘴皮子而是发自内心说出这些话的人，会真诚地想像曾帮助自己的人那样。这里的关键并非"过去碰到过坏事""过去很好"，而是"我觉得过去碰到过坏事""我觉得过去有好的回忆"。借此我想告诉大家的是这种思维方式：过去虽然无法改变，但是针对过去的看法可以改变。

有一种治疗叫"内省疗法"。该疗法是由吉本伊信这一民间人士（实业家）琢磨出来的，因此在日本除了被一部分精神科医生使用，基本没有流行开来。然而，为什么最近美国的心理咨询师和心理医生开始频频使用这种方法呢？这是为了让少管所的孩子重获新生。

和日本不一样，美国是一个心理学学科十分发达的国家，所以美国人会通过各种方式对触犯了少年法

第五章

不要执念过去

的孩子进行辅导。其中,就有在追溯过去时告诉他们"你过去曾遭遇不幸",然后以此引起共鸣并促使其尝试改过自新。然而,这样的做法实际收效甚微。

其实,有效的做法是内省疗法。具体来说,这种方法在追溯过去方面与上述劝导一致,但两者的巨大差异只有一处。内省疗法是在听了对方过去的遭遇的基础上,然后再问"另外,你有没有美好的回忆",接着可以说"告诉我三条就好,你想想有哪些美好的经历"。对此,孩子们可能会想起来"要这样说的话,那时候父母带我去过公园,我们一起玩耍,我被抱起来的时候真是太开心了"或"家里很穷,但有时妈妈宁愿自己不吃也要让我吃上蛋糕"之类的往事。他们要是能想到父母虽然确实有严厉的时候,但并非一直都很严厉,或者能想到在那样的环境下,父母的确没有办法,那么少管所的孩子就会变得乐观起来,最终因此获得重生。这样的例子不胜枚举。

从这个故事中，我们就能发现相较于认为过去美好，那些执着于过去不幸的人的危害往往更大。即使是遭遇心灵创伤而备受痛苦的人，也可以用内省疗法。对此，不妨放弃"过去一切皆恶"的想法，思忖一下其中有没有美好的故事，然后整理思绪，重新认识自己。这时，肯定能够想起诸如"这事虽然糟糕，我却收获了其他东西""说起来，还有人鼓励过我"之类的事情。如此一来，人们对过去的看法多少会产生变化，然后自然而然地理解执着于过去的不幸毫无益处。

😄 逆袭是否能够发生

我考试发挥失常，只进了一个保底的大学，结果，学校里的学习和生活不遂我的心愿，只能中途退学。我如今换了好多份工作，都没能干得长久。时至

第五章

不要执念过去

今日,睡觉前我依然会想"如果那时考上了第一志愿的大学,就不会走到现在这种境地",并对此耿耿于怀。(男性,29岁,运输业从业者)

上述案例虽然没有达到心理创伤的程度,但是像该男子一样长期陷于曾经的失败而无法自拔的情况时有发生。例如"当时没有考上第一志愿的大学,不得已才进了这所大学,所以才导致我现在如此无用""刚毕业没进那家公司,以致人生颓唐""因为当时被她狠狠地拒绝,所以我至今仍不受欢迎"。

然而,事实果真如此吗?

诚然,过去的不幸遭遇确实有可能导致自己如今的坎坷。但是,就算进了理想的大学或者心仪的公司,就能保证事事顺心吗?此外,普通大学也培养出很多杰出人才,所以觉得人生不可逆袭的想法本身就

可是我还是会在意：
摆脱自我意识过剩的 8 种方法

有问题。

我做高考辅导工作的时候，经常碰到这种情况。例如，很多学生在小升初的时候没能考进知名中学，选择进入第二志愿或者第三志愿的学校就读，他们在之后的6年里拼命努力，最终考上了东京大学。

以美国为例，即使你最初只考进了普通大学，后来也有可能去哈佛大学法学院深造，出人头地，成为精英。不过，相比美国，日本人在进入大学后逆袭的机会确实较少，升级学历的可能性很低。虽然如此，但培养出董事长最多的大学并非东京大学，而是日本大学[①]。从不同的视角来看，我希望大家明白，人的一生确实存在各种逆袭的机会。

不管是失败，还是遗憾，一直执着于过去就没法

---

① 简称"日大"，是日本规模最大的著名综合性私立大学。——编者注

取得进步。只有意识到这一点，才能真正闯出一片新天地。

😄 重启成功大门

过了30岁，遇到爱情的机会越来越少。即使有男生求婚，我也会觉得这个人还不如以前遇到的男生好，现在更不愿将就了。其实，以前是有很多人追我的。学生时代，我就不缺男朋友，后来甚至还被艺人搭讪。当然，我也遇到过认认真真想和我谈婚论嫁的人，但最终我们还是分手了，想来那真是一段美好的恋情。我真的怀念自己曾经的高光时刻。（女性，34岁，服装店店员）

这一节，我们谈一谈执着于"自己曾经辉煌过"的人。

可是我还是会在意：
摆脱自我意识过剩的 8 种方法

越来越多的人过了30岁之后，在谈论某事的时候只要落下自己，就大谈自己以前多么厉害。如果是男性，他往往会说"我年轻的时候，也曾经被当作偶像崇拜过"之类的话。作为"人气偶像"，他当时也许真的被人崇拜，但如今情况如何呢？如今如果不受欢迎，那他岂不是毫无价值？此外，人们经常说的一句话是，东京大学毕业的人因为连工作都干不好，所以只能拿学历来炫耀。

不过，上文并非强调"连工作都干不好"，而是强调"工作干不好，只能拿学历来炫耀"。也就是说，东京大学毕业的人应该处理工作时得心应手，然后达到所在领域的顶端，而没有必要以东京大学出身来自我夸赞。

因为我从事考试相关行业并获得了大家的信任，所以大家会问"你毕业于东京大学吗""你毕业于医学部吗"之类的问题，但我基本上不会主动提及自己

第五章
不要执念过去

的学历。只有工作干不好，人际关系很糟糕，不受别人欢迎或当前遇事不顺的人，才会说"我是东京大学的高才生"。

无须自夸的人会学会沉默，但最后"连工作都干不好却拿学历炫耀的东京大学毕业生"反而成了关注点，大家都觉得他们十分可笑，而且据说这样的人越来越多。

请大家注意，一个人说出自己过去光荣事迹的时候，其实就是此人行将没落的时候。当你受到女性喜爱的时候，你绝不会说"我曾经和怎样的女生交往过"这样的大话。反之，当你不受欢迎的时候，才会如此自夸。一般而言，总是谈论自己过去成功经历的人，往往不会分析为什么那时会获得成功。例如，有个人说"我年少时记忆力超好，考进的可是早稻田大学的世界史专业，不过现在记性不行了"。当你问他"那时候你把教科书看一遍就能记住吗"后，他却给出了否定的回答，然后会说"写了好多遍去记忆"或"写满了一个笔记本"等。接着你再问"原来如此，那么现在你是否把一本书读过两遍"，对方却回答"没有"。就这样他竟然得出了所谓"现在记性不行"的说法。这样的人大有人在，也就是说，记忆力很好也许是他们过去一切顺利的唯一理由，而过去记忆力很好如今是否变差却并不知晓。

工作也一样。例如有人说"以前取得了相当高的销售业绩"，也许那时候的自己精力充沛、头脑灵活，如今上了年纪无法与此前相比。不过其本人却没有想到那一步，只是觉得自己以前厉害，这就是问题所在。

你考上东京大学之后，可能就有人说"真聪明，太厉害啦"，于是你也觉得"确实如此""我确实从小就被认为是神童"。这样的人其实并不懂得分析为什么能考上名校的实质。当然，这也是他们发展前景

第五章

不要执念过去

越发不好的原因。

我确实写过有关高考学习方法方面的书并获得畅销，这源于"为什么如此"这种分析方法的恩赐，这种逻辑完全可以用于其他领域。

觉得过去好的人，是因为现在不好才觉得以前好。那么如果深入分析一下为什么那时候受大家喜欢，为什么那时候工作出彩，为什么那时候学习优秀，就会得到某些启发。比如当时大家喜欢你的原因是你的外表，而如今容貌已经难以回到当年，但是你可以在其他方面进一步磨炼。只要逐一筛选并抓住问题的关键，就可以将以前的幸福与现在的不幸进行对比。

经过大致的思考，你可能会得出类似"那时候我待人比较亲切"或"我回邮件很快"之类的结论，但对于分析出来的结果，还要考虑如何将其活用于当下。例如前文提到的关于记忆力的例子。如果经过分析得知自己以前记忆力好是得益于认真复习，现在记

可是我还是会在意：
摆脱自我意识过剩的 8 种方法

如何看待过去？

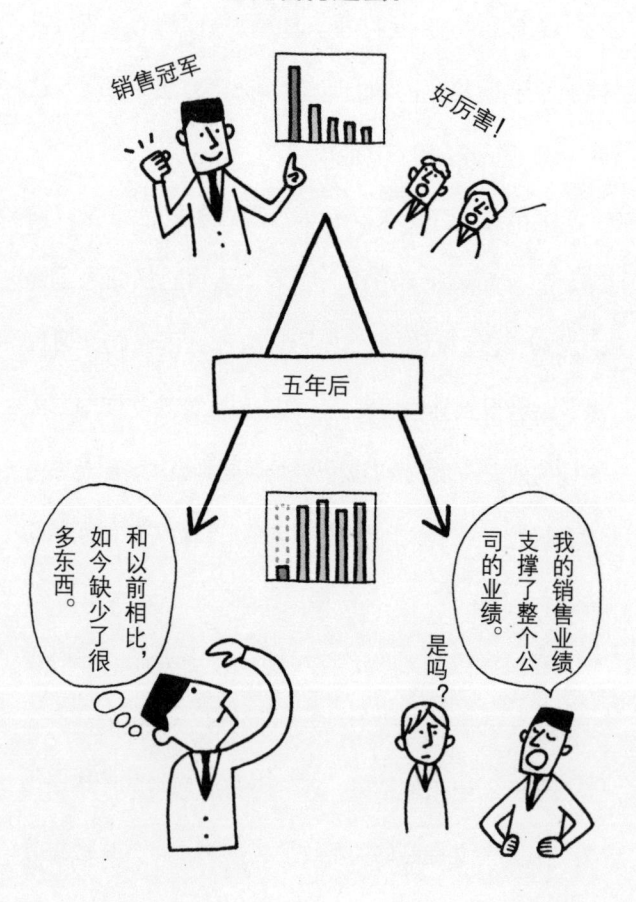

第五章
不要执念过去

忆力不好是因为一本书都没看过两遍，那么就会充分重视复习的重要性。同样，如果觉得如今不受欢迎，工作做得不好，就去试着将现在和此前受欢迎、工作高效的状态进行比较，这一点非常关键。

😄 注意"超爽"的圈套

对一个人来说，沉浸在过去的辉煌中之所以不好，是因为如果一直这样的话，人就没法取得进步。要知道，人们在说着"自己过去能如何如何"的时候，呈现的其实是一种自我满足的状态。不知道你有没有听过一个趾高气扬、有点像管理者的人，在小酒馆说过这样自傲的话"我曾经取得过这样傲人的销售成绩""董事长和我是同学，小时候其实我比他还厉害""我年轻的时候，那可相当招人喜欢"。然后，他的下属就会赞不绝口地说："啊，好厉害！领导您

可是我还是会在意：
摆脱自我意识过剩的 8 种方法

以前真的太厉害了。"如此一番过去的回顾就让下属顿时肃然起敬，自己也从此获得满足。于是，他便停滞不前。这样的人，不妨扪心自问："这样就满足了，真的可以吗？"

沉浸于过去辉煌的人，只要说一些有关过去的话题就能自我陶醉。同样，执着于过去不幸的人，只要向父母说"就是因为你们，我才惨成这样"就能一切舒畅。这种"超爽"的体验会让你觉得世间是如此的糟糕，从而放弃继续努力。

不过话说回来，人的一生确实没有那么幸福，不是每一个人都能成功，因此"超爽"的体验也不能说毫无意义。或许正是得益于此，我们才能在别人看不上的公司上班，然后持续做着自己并不喜欢的工作，维系着并非十分幸福的家庭。这样的体验，大概也有一些优点吧。然而，如果长期满足于这种体验，进步就会成为天方夜谭。况且现在已经不是那种可以

第五章
不要执念过去

从容不迫地说着"不进步也没关系"的时代了。因为在人老了之后，这样的生活方式很有可能让人老无所依。

人们的平均寿命正在增长，即使退休之后大概率也能再活二三十年。如果在需要奋斗的阶段不奋斗，以后就会十分凄惨。正因如此，才应该了解自己过去辉煌的原因，分析如何做才能一帆风顺，然后将其作为以后的参考。

当然，我们不仅要享受成功的喜悦，也应探究失败的原因。了解当时为什么遭遇了挫折，思考当时为什么没有把握住机遇，琢磨当时有哪些欠缺。这样的反思不是让你执着于过去，而是让过去的经历服务于今天的自己。

在纠结过去的人中，有些人虽然能认真分析"当时由于这样的原因才导致失败"，却没能将其灵活运用起来，致使如今一败再败。像这样因为同样的原因

可是我还是会在意：
摆脱自我意识过剩的 8 种方法

导致失败反复上演一定要予以杜绝。

著有《失败学：不懂失败你如何成功》[①]一书的畑村洋太郎曾经表示，失败并不可怕，同样的失败才可怕。不分析失败的原因很可怕，不能让失败的经历服务当下也很可怕。在他看来，能让失败的经历服务于当下的人，肯定能够不断进步。

对你来说，无论曾经的自己是好是坏，只要你陷进去不能自拔就无法前进。如果你注意到自己正执着于过去，那么就要对当时的自己好好分析，然后借此切换到"原来如此，现在我该这么做"的状态，这比什么都重要。

---

① 日文原书名为『失敗学のすすめ』，中文版由江苏凤凰文艺出版社出版。——编者注

第六章

未来让人不安

第六章
未来让人不安

😄 你是否想过"本来应该如此"

异地恋的女友与我分手了,我却无法放弃这段恋情。现在,我每天早晚都会给她发邮件。虽然她基本不回,但我觉得如果能拿出有别于此前的切实行动来让她看到我的诚意,就能挽回她的心。(男性,21岁,学生)

过于执着于过去的人,也可能是非常关注自己未来的人。人一般容易理解过去是无法扭转的,但也会偏执地认为未来可以改变。于是,就觉得只要自己努力,未来就一定能够得偿所愿,从而过于关注自己的未来。诚然,未来确实可以改变,但未必和自己的预想一致。这一点大家很容易忽视。

可是我还是会在意：
摆脱自我意识过剩的 8 种方法

有的人认为现在只要稍微改变一下看法和行动，将来就会如何如何。实际上，将来往往不会如你所愿。比如有一个你喜欢的女孩，即使你觉得"准备一个什么样的约会就能达到某种效果"，但结果却并非如此。

正如本节开头所讲的例子那样，只要对方提出分手，就算你想挽回也往往无济于事。不仅是自己的事，有的人甚至笃信有关社会问题"我自己是这么认为的，所以应该会如何如何"。

"应该会如何如何"这种论调，在学者之间也广泛存在。经济学家和心理学家经常预测经济动向和人的活动，然后给出"应该会这样"的说法。然而，很多时候事实发展并非如此，有时时间过了许久经济状况也依然未如学者所说的那样变化。医生也会觉得"应该会这样"，然后给患者开药，本想着患者吃完药再去体检就会恢复正常，但结果往往事与愿违。

第六章

未来让人不安

有个词叫"循证医学"（基于有关依据的医疗），即按照医学依据寻找有效治疗方案，实际结果大都不尽如人意。例如，某研究结果认为降低血压可以降低死亡率，于是让患者吃相关药物。可是过了几年之后，要么死亡率没有降低，要么病情没有按照医生的医学理论判断发展。也就是说，理论上是"应该会这样"，但人体产生的问题由很多复杂因素构成，所以不可能产生一个单纯的结果。

胆固醇值就是一个很好的例子。一般认为，胆固醇值降低后就能降低患急性心肌梗死的风险。反之，就会增加患急性心肌梗死的风险。由此便得出，胆固醇值降低，因急性心肌梗死而死的死亡率就降低，反之此类死亡率就会升高。如此一来，过于相信"应该会这样"就成了错误认知的根源。

自我意识过剩其实就是根据"应该会这样"这种理论来武装自己，然后觉得未来的发展不言自明或事物会按这一道理发展下去。可以说,这是知识分子和小有成就者的惯用逻辑。如果没有认识到"即使觉得应该会这样,实际也有可能不会如此"这一理所当然的道理,就有可能遭遇人生的惨败。

😄 预测失算后该怎么办

带着"觉得这么做的话就应该会这样"的预想而过于自信的自我意识过剩的人,首先应该意识到自己的这种倾向。例如在谈恋爱的时候,觉得女人的心思就这样,絮叨一会儿心情自然就会变好,但后来往往两人分道扬镳。不过,如果能意识到"这么做她心情就会好"是一种武断的想法,就能够勇敢地迈出一大步。然后,反省一下自己"原来我确实没有预料到一个人的心情会是如此""要是稍微关照一下对方的心情和反应就好了",意识到这一点就会取得更大的

第六章
未来让人不安

进步。

如果意识不到这一点,那么就会十分麻烦。比如,医生按照"应该会这样"的思路开药,结果即使出现了相反效果导致患者死亡,他也会认为这是意外而不去改变治疗方案,那么此类事故以后依然免不了发生。

在心理学方面,笃信弗洛伊德和荣格的人会认定人的心理就应该这样,所以当其看到患者发怒或情绪低落的时候,就想当然地认为"这是无意识的暴怒,看来这种无意识的抵抗,被我言中了"。

在股票投资中不愿"割肉"①,觉得股票还会上升的想法,也和上述事例类似。因此,我们有必要调整思维模式。

---

① 指买的股票在跌的状态下卖出,确定会损失情况下结束交易。——作者注

可是我还是会在意：
摆脱自我意识过剩的 8 种方法

即使自己已经假设"应该会这样"，在实际中也要意识到结果可能未必如此，这种态度非常重要。当事与愿违时，就必须理解世间之事也不都是自己想的那样，然后去积极调整。这时候，如果将其作为一种试验的结果，更易于接受。对任何人来说，能否接受都是余生的重要启发。

实际上，即使在科研领域，发现问题的时间也会影响损失的大小，越早调整就能够越早获得成功。相反，如果未能如此就会应对迟缓，进行了大量研究后才发现"怎么会这样"。投资也一样，如果及早觉察到失败然后撤资，结果就会截然不同。如果自己注意到"应该会这样"这种观念存在的问题，就去尽早修改。这样一来，你就会从认为自己曾经的预测绝对正确的看法中解放出来。

还有一个重要的启发，那就是观察结果。具体来说，就是充分观察自己的预期与最终的结果是否吻

第六章
未来让人不安

合,然后尽早找出问题所在。实际上,通过观察就可以修正自己的偏见。例如,看电视时发现某饰品在年轻人中很流行,然后就可以带着这样的已有认知亲自到大街上走一走,然后数一数有多少年轻人将其佩戴在身上。这样一来,你就会明白自己的认知是否正确,如果不正确的话也会予以调整。对实验进行修正的关键,就是做好应急方案。

一般来说,当结果没有按照自己的预想出现时,人们就会因没有想到会发生这样的事而变得恐慌或者不愿意承认现实。要避免认知出错,关键是要做好应急方案。进一步说,就是要做好备选方案,以防当事情出错时,才想到下次试试那样做,这样才能顺利做出调整。人际关系也一样。例如,你本来想让女朋友做某件事以获得自己家人的喜欢,结果她出乎意料地没有发挥好,未能达到你预期的效果。但这时如果紧跟着准备好了新的方案,很可能就会使她重获认可。

如果是艺人,若能在剧场、曲艺场、表演舞台等场所观察观众的反应并不断进行优化调整,那么其艺术生涯就能长青。

😁 由于不安而彻夜难眠

"3·11"日本地震以及福岛核泄漏事故发生以来,我对未来感到越发不安。因为住在关东地区,所以我既担心核辐射,也害怕什么时候再发生地震。此外,还有其他各种不安萦绕在我的心头。一想到儿子和未来将出生的孙子,我就难以入眠。(女性,43岁,家庭主妇)

与执着地认为"应该会这样"的人相反,也有人对未来感到过于悲观,觉得以后肯定会很糟,或者过于不安,忧心以后不知道会发生什么。有的人会因为

第六章

未来让人不安

未来充满变数，让人感到不安

可是我还是会在意：
摆脱自我意识过剩的 8 种方法

害怕癌症而选择自杀。这样的人就是典型的对未来过于不安的代表。原本死亡就可怕，偏偏还得了癌症，不想这种令人极其恐慌的事却找上了自己。人一旦想到此，就会对未来产生不安，然后思来想去，钻了牛角尖，以致内心的不安不断膨胀。

过去的事无法改变，这一点毋庸置疑。但是，未来的选择有千千万，既有可能这样，也有可能那样，因此渐渐产生不安。

相信自己可以改变未来的"应该会这样"论者，会认为"这事绝对没问题"并付诸行动，但想到"既有可能这样，也有可能那样"，不安就会蔓延，人的行动就会无法开展。无论是核辐射还是癌症，如果只想到其糟糕的方面，就只能得出悲观的结论。如果认为未来绝对悲观，人就会丧失努力的勇气，从而直接放弃自己。

这种类型的自我意识过剩的人，最重要的是要学

第六章

未来让人不安

会与不安和睦相处。如果对未来的不安感不断膨胀，当务之急应该确定某件事情发生的概率。其实关于很多事情，人们预想的概率往往和真正发生的概率存在很大差异。例如，很多人认为遭受核辐射的人都会得癌症，但真正患癌的概率要小得多。

此外，交通事故虽然已经大幅减少，但至今在日本每年还会有大约5000人因此丧生，因此因交通事故死亡的概率基本上是0.5%。不过，这并不是说大家因此就不能外出。如果有人因为害怕交通事故而害怕出门，那别人可能会觉得这个人想法有问题。至于坐飞机，因飞机事故导致死亡的概率只有几百万分之一。尽管如此，也有人因为害怕飞机坠落而心存恐惧。

很多人都有这种杞人忧天的想法，但如今已经是信息时代，某些事件的概率很容易计算出来。如果你对某事一直心怀不安，那么不妨了解一下那件事和事实有多大的关联，这样也许会缓解你的焦虑。

可是我还是会在意：
摆脱自我意识过剩的 8 种方法

😄 "轻微不安"的缓解方法

要想防止不安不断膨胀，方法之一就是要清楚地认识到"想太多也没用"，然后果断与之分道扬镳。如果不这么做，不安就会不断积攒，以致无法正常工作。例如，洗手强迫症的人不洗干净手不罢休，其洗手时间有可能持续一小时，但是不管怎样洗，也不可能将细菌消除得一干二净。这是因为流水本身就带有不明的细菌。所以，要是不适可而止，就无法在现实生活中生存下去。

就算是轻微的不安，也要与之断绝，这样才能及时止损。因此，既要认识到不安带来的各种麻烦，也要清楚地判断这些不安会不会产生积极的一面。例如，若是想向喜欢的人表白，那么相较于思来想去地琢磨是否会引起对方反感，倒不如先设想一下真实表白的情况，想一想到时候这么说是不是合适。至少可

第六章

未来让人不安

以肯定的是,即使是对喜欢自己的人表白,如果不主动出击,对方也没有机会接受自己。当然,对方也有可能会主动说,但至少现在没有说,而且这种可能性极低。

还有一点需要注意,因不安而踟蹰不前虽然也很麻烦,但反过来,要是没有不安,是不是就表示欢乐无限?经常有考生问我:"考试总是让人不安,怎么才能消除不安?"对此,我会告诉他们:"因为不安的存在,即使你无法静下心来学习也得学下去,因为不学习就无法通过考试。"然后让他们知道,现实中不安不可能被彻底消除,如果没有无法通过考试的担忧,谁还会学习呢?

因为不安的存在,人们才会努力。这样的道理,大家不可视而不见。

这是我第一次出席公司的有关业务能力提升的

可是我还是会在意：
摆脱自我意识过剩的 8 种方法

会议，我有一些自己的看法，但坐在我边上的都是前辈，所以我一想到"如果发言不慎将如何是好"，就心存忧虑，便没有发言。（男性，24岁，信息服务公司员工）

对未来充满不安的人，往往在人际交往中也容易感到不安。例如，担心自己的发言如果不被别人认可怎么办。特别是在经验不足的时候，这样的心态尤为明显。但是，一定要明白，人与人不同，即使是同一件事，也会既有人赞扬也有人否定。另外，自己的头脑中不能总考虑别人。如果实在担心，那么就找两三位好友问一问"我想这么发言，怎么样"。他们听完之后，可能会告诉你"啊，这种想法在这个时期可能实现起来有点困难""听起来不错"等，给你提供一些参考。

总而言之，别人的反应，自己想破头也未必懂。

第六章
未来让人不安

例如，对下周的工作提案怀有不安；担心婚礼上的发言；计划要在宴会上进行特长展示却突然心里没底……这时候，自己一个人再愁也无济于事。因此如果可能的话，尽量找身边的人帮助你，不妨直接听一听他们的建议。这样一来，就不会产生不必要的担心。

😄 想得越多，反而越容易搞砸

当我谈恋爱时，就想故意给男友出些难题，例如让他看见我和别人交好，然后以此来试探他的心意。有时因为我做过了头，让他真的发了火，以至于打算和我分手。虽然我觉得不应该这么做，但每每不确定他是否爱我或者是否会一直守护在我身边时，我就会感到非常不安，无法改变自己这样的行为。（女性，27岁，派遣员工）

可是我还是会在意：
摆脱自我意识过剩的 8 种方法

　　一般来说，脸皮厚一点的人在恋爱时可能格外顺利。有些人深知自己不受人欢迎，反而没有太多顾虑，可以直率地表达自己的感情。一旦觉得"我没那么可爱"而抱有不必要的过分谦虚的心态，那么被分手、被抛弃的忧虑就会无端增加。于是，就有可能产生试探对方的无聊之举。如果是特别喜欢的对象，往往会觉得两人没有好的未来。如此一来，就会变得像上述例子一样，一味地担心"他是不是不喜欢我"，结果反而让对方生气了。好不容易想通了，就不要亲手毁掉你们的关系。对此，不妨调整一下自己的心态，想一想"既然事情已经发生了，那也无法改变，不如积极一点"，然后真心对待对方，充分相信对方。这样做比原来会好很多。如果这么做不行的话，那么可以试试另找别人。有些人在失恋之后，总觉得前任是世上最好的人，然而事实并非如此。客观来说，不存在世上最好的人，即使起初你觉得这个人是

第六章
未来让人不安

世上最好的，但交往之后会发现可能有比他更好的人。这种情况绝不在少数。

因此，如果真的被分手，也应该意识到"对我来说，也许还有很多满足条件的、很重要的人在等着我"，然后再去寻找真爱。在这样的基础上可以考虑如果和这个人结婚的话，对方"是不是爱我一辈子""是否有经济实力""是不是能够成为我心灵的依靠"，但是要是还想着"如果对方换工作该怎么办""将来要是照顾对方父母该怎么办"，那么内心就无法踏实。如果设置100个条件，那么你永远也不会找到满足这些条件的对象。所以，在某种程度上要学会取舍，可能满足这三个条件就没问题。

工作和学习也一样。追求完美的人一旦稍有缺陷，就会感到不安。由此看来，我们不必追求完美，只要设定好自己的合格分，有"到这种程度就可以"的心态，内心的不安就会得到极大程度的缓解。"明天考试要拿满分"和"只要考80分就可以"是两种截然不同的人生态度。

😄 一胜九败并没关系

即使我有挑战自我的机会,也会顾虑自己能不能行,我做不好就会感到羞愧,而且说不定还会浪费时间和金钱,因此常常导致自己不敢付诸行动。(女性,29岁,信息技术公司员工)

那些担心事情做不好怎么办或白白浪费金钱而不敢付诸行动的人,不妨想一想如果做好的话能有多少好处。如果不考虑做得好能有多少好处而只想着做不好怎么办,那么满脑子就只有负面想法。因此,我们应该充分考虑如果做得好能有什么好处,如果做得不好会产生什么影响。

第六章
未来让人不安

无论是资格考试还是其他事,就算发挥得不好,就算是损失了时间和金钱,也不会因此被开除吧?就算一次不行,也可以再次大胆挑战。此外,如果也能考虑到发挥好的概率,那么莫名的不安感就会烟消云散。例如,只要不是那种难度极大的资格考试,只要认真学习,能通过的概率还是很大的。

优衣库的董事长柳井正著有《一胜九败》[①]一书。在他看来,即使失败九次,即使不断亏损,只要坚强地活着,然后拼尽全力一发命中,也会成为众人眼中"厉害的家伙"。

即使失败九次,即使别人觉得你"不行,不行,还是不行",最后一次成功了,也会让别人肃然起敬,觉得你真厉害。人基本上只会认可别人的成功,

---

[①] 日文原书为『一勝九敗』,中文版由中信出版社出版。——编者注

可是我还是会在意：
摆脱自我意识过剩的8种方法

商界尤为如此。只有在小错中不断尝试，不断提升能力，最终才能成为大赢家。相反，整日咚咚地打着拍子，欢欢乐乐、顺风顺水而过于缺少不安的话，也可能导致九胜一败。

日本泡沫经济时期，大家觉得投资肯定能挣钱，于是都去投资。即使手里有100亿日元，也要借200亿日元，最后买300亿日元的土地。后来，即使九次胜利，最后一败还是会让人损失甚巨。无论是雷曼兄弟公司破产事件，还是次贷危机，大家都将目光投向土地，导致九胜一败，最终破产后无法东山再起。所以，心里没有一点不安也不可以。

在亏损的时候及时止损，那么就不会产生更大的损失，当然也无须因此担心未来。例如对打算换工作的人来说，一般要是不到新的职场亲自体验就无法了解情况，但是如果担心的话，也可以提前好好研究一下该公司的业绩、工作氛围等，将应该做好的功课做

第六章
未来让人不安

扎实。之后如果工作仍不顺利还想跳槽，就应该考虑哪些公司会招聘自己，或者自己条件降低后有没有地方可去。如果没有认真地判断，不安就会如影随形。反之，如果进行了充分考虑，不安也许不会彻底消失，但基本上可以提前预料"这个时候应该这么做"。

我们无法百分之百预见未来，因此无论是否行得通，我们都要考虑到。过早地定义"我这么做就能如此"或者"我最近肯定会发生糟糕的事"，其实都不对。在认识到这一道理的基础上，认真把握能够把握的部分，然后做好计划和准备。这对于自我意识过剩的人来说，无疑是一剂良方。

第七章

如果我表现得不好怎么办

第七章

如果我表现得不好怎么办

😄 无法认可现在的自己

决定换工作之后,我先后面试了三家企业,但每家公司给出的待遇都太低。以我的学历和工作经验,本来职位和薪酬都应该更高,却偏偏任人宰割。我对现在的公司也有不满,不过在没有找到能够提供给我理想待遇的公司之前,我暂时不打算辞职。(男性,36岁,咨询人员)

上文这个人相较于自身的自我意识过剩,更多地会让别人觉得他自我意识过剩。让别人觉得他自我意识过剩,往往就意味着这个人的自我评价与周围的评价存在落差。

自我评价的英文为self esteem,也可以译为"自尊

可是我还是会在意：
摆脱自我意识过剩的 8 种方法

心"，一般情况下作为正面词语使用。像上文这个人一样自我评价过高的人，本身就很难意识到自己存在问题。从精神科的工作经验来说，引导"自我评价低的人提高自我评价"的情况压倒性地占多数。

那么，自我评价的高低，到底由什么决定呢？和上文所说的价值观一样，自我评价和本人的能力、实力没有关系，而是由对方的评价来相对决定的。简言之，例如周围对于一个人的工作业绩评价是"大概70分"，但他自己认为"不，我应该在90分左右"，这就属于自我评价过高。再例如，别人问"你有多漂亮""异性对你的好感度有多少"时，周围人觉得你"比较可爱""还可以，中等偏上"，但本人却认为"竟然有不喜欢我的人？真可笑"，这也属于自我评价过高。也就是说，自我评价过高就是相较于周围的评价和比较客观的评价，自己给自己打的分太高。

客观来看，在具备相当能力的时候，别人也不会

第七章
如果我表现得不好怎么办

说你自我评价过高。比如在相扑表演期间,选手相见时说"我很强",大家就不会觉得他们在胡说八道,自然也说不上自我评价过高。

我是个天生的艺术家。我的作品之所以不太受欢迎,主要是因为曲高和寡,难以在普通人中间传播。不过,这也没关系,因为不懂得欣赏我才能的社会注定是滞后的。今后即便有人找我,我也不打算从事那些无趣的工作。(男性,24岁,艺术创作者)

有一个词叫"装腔作势"。当自己感到自我客观评价或者周围对自己的评价不高时,就愿意相信自己的能力远远超过实际,因此也会产生一些装腔作势的行为。换言之,为了填补自我之爱无法满足的部分,就会有意识地提高对自己的评价。对此,我想起了艺人上冈龙太郎。他在大红大紫之前,对自己的评价是

可是我还是会在意：
摆脱自我意识过剩的 8 种方法

"艺术一流，人气二流，酬劳三流"。也就是说，他虽然有一流的艺术才能，但周围对他的评价只是二流，公司对他的评价只有三流。这一说法中包含着自我揶揄。实际上，他当时有很多固定粉丝，而且他的表演与众不同，属于天才型艺人，我也非常喜欢他。他之所以对自己评价高，原因之一就是现实无法满足自我之爱，因此他才有意识地提高自我评价。至于相关证据，就是在他走红之后有人采访他"最近您好像不说'艺术一流，人气……'这样的话了"，他却说"现在再说的话，就没意思了"。言下之意就是说他的人气和酬劳都已经得到提高，自我之爱也得到了满足，因此已经没有必要再说那些话了。

一般人都会遇到相同的问题，觉得"我都能干这样的工作，却迟迟不能升职"或"我的能力这么强，却没有受到应有的认可"并因此产生怀才不遇之感。这样的人要么自夸自己的学历，要么非常自信地认为自己的能力很强。但是，当这些人升到要职之后，为什么会反而不再这样说了呢？

精神分析学家科胡特就此发表过自己的看法。在他看来，一个人对自己评价过高要么是没有得到大家的肯定，要么是没有得到好处。由于没怎么得到周围的肯定和关爱，为了弥补这样的缺失，人就会在自我慰藉的过程中产生自我评价过高的问题。

😄 为什么会有"我是天才"这种说法

还有一种情况，就是有人在孩提时代就深信"自己是天才""自己有优秀的能力"。这就是人们经常说的偏执症（妄想自己是特别的人），就像堂吉诃德一样。

认为自己有超能力也好，认为自己是天才也罢，都是自己一直深信的某种执念。一般来说，觉得自己

可是我还是会在意：
摆脱自我意识过剩的 8 种方法

世界第一或将来能当国王的充满幻想的孩子，会在现实社会中碰壁并逐渐调整自己的想法。但是，偏执症患者就算在现实中碰壁，仍然会坚信自己是天才。不过，如果运气好的话，那样的人也有可能真的成为天才。甚至有一种说法，如果没有这样的人存在，那么音乐界就出不了真正的天才。

这种偏执症和精神分裂症不同，药物很难对其产生疗效，但除了自己妄想以外，其他一切正常。因此，活跃在社会上的某些政治家就是这样的人。那些被认为拥有领袖气质和领导才能的人，也可能带有某种偏执的倾向。从这一意义上说，偏执未必都是坏事。

从一开始就相信自己厉害的偏执症患者，从某种程度上说可能觉得这样挺好，而且并没有感到自己有什么问题，只是让周围人觉得无奈而已。

第七章
如果我表现得不好怎么办

客户对我有好感，我觉得他还可以，但是暗地里了解之后，我发现他毕业于一所不知名的大学。我是富家独生女，容貌美丽，从小父母就告诉我"必须找一个与你匹配的对象"。这句话中当然也包括学历。知道他毕业的学校之后，我的心就凉了一大截。（女性，26岁，制造业从业者）

如上所述，也有一些因为父母的培养方式和自己的信念体系所产生的自我评价过高问题。例如在那些家境贫寒，从小被誉为"神童"，然后考入东京大学的学生中，确实存在一些自尊心很强的人。他们会认为"我只会找更好高校的女孩交往""我从来不和比较差的大学里的学生说话"。

一些人的父母中也会有相同想法。我一个朋友的丈夫毕业于东京大学法学部，司法考试失败后进了一家大公司。他和大阪最好的女子学校毕业的女孩，

可是我还是会在意：
摆脱自我意识过剩的 8 种方法

也就是我的朋友谈恋爱,女孩的父亲是名医生。这事被他在学校当老师的母亲知道后,母亲便告诉他绝不允许他和二流学校毕业的女孩结婚。我朋友的男朋友的价值观没有那么扭曲,因此并没听从他母亲的话,但是两人结婚的时候,新郎的父母都没参加。

如上所述,周围有一些被灌输了扭曲价值观的人,在过多的追捧之下导致自我评价过高。简单来说,这些人接受的培养方式有可能存在问题。一般而言,提起从滩高中[①]考入东京大学的人,大家都不会觉得他们是"自尊心高的怪学生",因为从那里考到东京大学可谓司空见惯,而滩高中的学生也没有那么洋洋自得。从这一点来说,他们没有对自己过高评价,他们没有"考入东京大学就代表自己厉害"这种价值

---

① 日本最好的高中,是一所男校,每年有一半以上的学生考入东京大学。——译者注

观。正如他们所说的"就算考入东京大学,也只是理科一类[1]"那样,始终保持着冷静的思考。

这样对自己过高评价的弊端之一就是不受社会欢迎。例如沾沾自喜地认为"我厉害""我是东京大学毕业的""我是美女"等,会给自己带来损害。因为这也是日本人最讨厌的一类人。

最后,我要说的是,自我评价只是相对的,借此我们只能知道别人怎么看待自己。如果有亲朋好友愿意告诉你他们的评价当然最好,但更多人并不会说出真心话。由此来看,这也是自我评价过高者出现该问题的原因之一。

---

[1] 理科一类主要有工学部和理学部。另外还有理科二类(农学部)、理科三类(医学部)。一般来说,理科三类的专业更难考。——编者注

😄 "完美"是陷阱

我受到委托写一本关于自己研究领域的著作。我虽然很高兴，但作为专家，我觉得要是写不好的话就拿不出手，因此非常慎重，迟迟未能动笔。过了半年多，我觉得委托人也对我不抱什么希望了。（男性，45岁，研究人员）

自我评价过高就不被别人欢迎，从而给自己造成麻烦，然而其最大的弊端就是"自我评价过高会让自己止步不前"。我的朋友中就有这样的人。他成绩拔尖，是一个能够熟练研读英语、法语复杂文献的优秀人才，可是时光流转，他连一篇论文也没能写出来。

如果只想着要做就做大事，那么就无法向前发展。我到了47岁又突然改行去拍电影，正是因为我觉得自己并不是电影方面的天才。也就是说，如果和

第七章
如果我表现得不好怎么办

田秀树拍一次电影就想拍出个大片的话,那么他就拍不了电影。现实中倒是有一些自我评价不怎么高的人反而过得顺风顺水。因此,自我评价过高的人要想顺风顺水,需要注意的一点就是即使自己觉得自己厉害,也应该踏踏实实地用出色的业绩来获得应有的评价。

简言之,无论你的知识多么丰富,思维水平多么高,但要是连一篇论文都写不出来的话就说不过去了。以我为例,要是一部电影也没拍的话,那么水平也就是年轻导演以下,因此只能先拍一部试试。此外,如果自我评价有证据支持,那么即使结果还不完美,也算胜过了别人。也许那位优秀的人才要是真正写论文的话,那么从他丰富的知识和深度的思考能力来看,应该至少会远超过年轻学者。就算他达不到超一流,也应该达到一流水平。比如我,因为有了丰富的人生体验,因此我觉得至少会比年轻导演拍的第一

可是我还是会在意：
摆脱自我意识过剩的 8 种方法

自我评价过高就会止步不前

第七章
如果我表现得不好怎么办

部电影要好,而且实际上确实获得了国际大奖。比普通人好就洋洋得意,自我评价过高者也需要注意避免产生这种想法。

还有一点就是在外界看来你的自我评价虽然没那么高,可是你本人却没有意识到你的自我评价超出了能力水平,这就属于毫无意义的完美主义。例如,公司要求今天之内把这些材料整理好,这时候,抓紧时间在下午5点前提交比晚上10点做到完美再提交更合理。严格守时确实是好事,不过我倒是觉得时间花得越多事情才能做得越好,这与"现在还不完美,等完美之后再提交"是一个道理。其实,这里暗含着"自己可以做出完美的东西"这一自负的想法。对此,就必须意识到世上并不存在完美的东西。我之所以出了这么多书,就是因为还没有出一本那么完美的著作。即使不完美,只要市场评价高就能畅销,而有时候自己觉得完美的书反而卖不出去。

可是我还是会在意：
摆脱自我意识过剩的 8 种方法

很多人都曾建议我说："和田先生，您一年写五六本书就已经没人敢小看您了，而且您的忠实读者们肯定会买。"但我觉得这样的想法绝不可行。我一年如果真的只写五六本书的话，那么第一版发行数量绝不可能达到3万册。但要是努力再多写一两本，那么可能有一本就会卖出10万册。

这个例子虽然不等于自我评价，但与自我评价过高以及完美主义完全契合，因为追求完美的做法确实有些荒谬了。

要问为什么高考时滩高中能有20多名学生考入东京大学的理科三类，那么答案就在于他们放弃了完美主义。很多人则认为"考高分才能被录取"或"不去超一流补习班就上不了东京大学的理科三类"，因此其痛苦程度远超常理。

我现在做的是考试学习法中的远程教育法，具体来说就是根据学生的志愿提供不同学校的习题，而这

第七章
如果我表现得不好怎么办

些习题也全部当作参考书发售。这样的话，如果"想去东京大学的话只要买这个就可以"，如果"想去早稻田大学的话只要买那个就可以"。后来令人惊叹的是，几年前一个在富山县读书的孩子接受了我的远程教育法后，竟然考取了东京大学理科三类的第一名。当他的分数公开之后，大家才知道他并没有去超一流补习学校之类的地方，而是按照市场上卖的参考书所讲的内容认真复习了。结果不但考上了东京大学的理科三类，而且还拔得头筹。因此，即便是考东京大学，也并不是说成天想着"没有达到极好的水平就没希望"，而应认认真真地做好应该做好的事。

😊 有比觉得丢人更重要的事

我有一个心仪的男孩。不过，我觉得主动打招呼或者邀约他的话有损自尊心。时至今日，都是男孩

可是我还是会在意：
摆脱自我意识过剩的 8 种方法

向我表白，而我是被动方。然而，他却似乎没有约我的意思，而我则看不懂他的心思，因此我深感焦虑不安。（女性，22岁，美容师）

不同于之前所说的"自我评价"，这个案例属于"自尊心"问题。由于担心自己主动而遭到拒绝，所以不敢邀约对方。换言之，这就属于应该选择哪一个的问题：是选择害怕遭到拒绝的自尊心，还是和他相处。

一般来说，如果过了一段时间他还没有主动和你打招呼，那么希望往往不大。这种情况下主动的话有可能不会有什么好的结果。即便如此，如果你不主动，就肯定没有机会。在这种一般都由男生主动邀约女生的文化背景下，男生主动通常被认为是合理的。反之，则不然。如果有一位你喜欢的女孩，你却确信对方能向你主动开口，那么我绝对要恭喜你。不行动

第七章
如果我表现得不好怎么办

就没有结果，但行动也有可能失败。不行动虽然不存在失败的可能性，但也绝对不会实现自己的目的。这时候，你到底是选择烦躁、害羞、不想经历失败，还是觉得"说不定能行"而采取行动呢？其实无论选择哪一个，对你来说只要无法确定结果好坏，就有可能选择错误。越害羞，似乎越容易给自己带来伤害。

随着时间的流逝，失败带来的伤痛会逐渐消弭，然后明确意识到"如今也不抱希望，心里舒爽了很多"。不过主动出击，与对方牵手成功的话，绝对是一件非常幸福的事。对此，要好好地权衡一番。

我经常被问到一个问题，那就是"面对两个学习不好的孩子，和田先生您会选择接受哪一个并将其送进大学？一个是不学习所以不成才的孩子，另一个是愿意学习却依旧没成才的孩子"。大家会选哪一

可是我还是会在意：
摆脱自我意识过剩的 8 种方法

个呢？我想大家很可能认为不学习的孩子应该会有培养的余地。相反，我觉得培养不学习的孩子的希望并不大。这种孩子要么会借口"我不学习所以不会……"，要么干脆没有任何学习的想法。那些经常说"我没做所以不行，如果做的话肯定很棒"的人，其实一生也不会落实到行动上。这是因为他们内心会认为"要做成这件事的话，遇到自己不会做的部分会很麻烦，那么干脆不去做"。反之，那些做了但没做好的人，只要改变方法就能得到提升。只要他们有努力的决心，就比那些不愿去做的人优秀。换言之，这些人要么有不怕做不好且敢于持续去做的韧劲，要么即使做不好也不怕被笑话。这样的人才有培养的价值。所以，说什么"我不做所以不行"的人，往往只是油嘴滑舌而已。我就是"我去做才能成功"的那类人。如果周围有人夸耀谁"在孩提时代就聪明"，其本人很善于表达，然后断定"那个人要

第七章
如果我表现得不好怎么办

是去做的话,肯定能做好"。但是事实真的如此吗?我表示怀疑。

第八章

没有人会喜欢我

第八章

没有人会喜欢我

😄 修复自我评价

我擅长电脑,因此经常有亲朋好友问我"能不能帮我做个简单的网页"。这些事动辄就会花费我很长时间,而且还会对我的工作产生影响。我不以此为生,所以不好意思收取报酬,并告诉他们"报酬就不用给了"。(男性,41岁,个体户)

自我评价过高不好,自我评价过低也不对。认为自己没有什么价值之类的想法就属于自我意识过低,这与自我意识过剩正好相反。

有位知名艺人就和上文例子中的人一样,是一个自我评价过低的人。有一次,另一位艺人无法出席一项内部活动,就拜托他说:"我参加不了这个活动,

可是我还是会在意：
摆脱自我意识过剩的 8 种方法

你能不能代替我去？"接着，被拜托的这位艺人就说："行，我可以去，那么酬金是多少呢？"对方表示3万日元。由于往返需要4小时，这个酬金已经算是很低了。然而，即便这个酬金已经很低，他还是非常心平气和地说："这么多？意思一下就行了，反正我也有时间。"

即使自我评价过低，但因为这位艺人表现出了谦虚的本色，还是获得了别人的喜爱。这也算是自我评价过低的积极一面吧。不过，一般来说自我评价过低的人往往会损失更多，这是因为其缺少自信而无法获利。

例如面对异性，自我评价高的人不会因为被甩了就心情糟糕，然后不敢再和异性打交道，而是会想着反正对方也不爱我。这与本书第三章提到的不会示弱的人是一个道理。自我评价过低的人会产生为什么对方不爱自己的过激反应。因此，他们往往没有自信，不敢挺直腰板，也不受别人关注。现在这样的人

第八章

没有人会喜欢我

非常多。

我丈夫最近很忙,我找他一起出去吃饭时,他都会说"有工作要忙"而一口拒绝。我因此不开心的时候,他会说"真的没办法,下次一定去",然后摆出一副若无其事的样子。我满怀期待,但是碰壁后倒也想得开。他很优秀,现在是不是不爱我了?(女性,31岁,家庭主妇)

自我评价过低的时候,就会觉得"这是因为别人当我傻""由于我不招人爱",从而有时会产生过激反应。因此,当丈夫回家稍微晚一点或者感到丈夫的态度稍微有点冷淡时,妻子就会怀疑"也许他不爱我了""他肯定在嫌弃为什么会有我这样没用的妻子"。为此要么使小性子,要么生气。如果冷静思考的话,其实会发现丈夫依然爱着自己,依然重视自

可是我还是会在意:

摆脱自我意识过剩的 8 种方法

不是对方的过错

己，但是正是由于妻子的自我评价太低，所以反应才太过敏感。

平日里就觉得"为什么把我当傻瓜一样，让我毫无存在感""他就没有把我当爱人看"，那么就会因为一些琐事而常常感到被无视和嫌弃。除了夫妻关系，恋人、亲子、朋友之间都存在类似的情况。对此，关键是要明白这不是对方的过错，而是自我评价存在问题。

如前所述，自我评价只是相对的。相比别人的评价，自我评价过高就会洋洋得意，自我评价过低就会缺少自信。因此，如果你觉得自己被当成傻瓜或者被瞧不起的时候，不妨找一个心直口快的朋友，倾听他对你的评价。因为如果对方是你的丈夫、父母或者恋人的话，很可能不说实话。有时候要认真听取周围人的评价，并成为一种习惯。

可是我还是会在意：
摆脱自我意识过剩的 8 种方法

😄 我的意见真的不重要吗

我对自己没什么自信，甚至在会上也不敢发言。在我看来"自己的想法也没什么价值""就算我提了建议也没人会听"。（女性，28岁，服务业从业者）

这属于自我评价过低的一种类型。例如上面这个例子，就有人会觉得"有话想说也不敢说""说了别人也不听"或者"自己的意见无关紧要"。但是，世间之事往往难以预料，因此即使不是什么大事，你大胆说出口的话别人也有可能觉得"你的建议我没有想到，真是深表谢意"。

日本电报电话都科摩公司（NTT DoCoMo）在开发 i-MODE 的时候，之所以让《就职》杂志主编松永真理进入开发团队，就是因为她此前虽然几乎完全不懂信息技术但却敢大胆尝试。如果团队中都是研发人员的话，就只能开发出高规格的产品，在升级改装时会很难操作。因此，加入外行的视角有助于研发出更好的产品。

为什么说"今后是女性的时代"

我此前曾说过21世纪将是更多女性主掌经营的时代，这和其他人经常说的"有能力的女性也没机会"大相径庭。在着力提高生产力的时代，也就是在有需求但生产力跟不上的时代，谁生产效率高谁就能胜出。因此，男性占据优势。那时候，女性确实很难和男性竞争，部分可以与男性比肩的女性也都成了经营者。然而在现在长期持续消费不足的时代，相比生产效率高的人，熟知消费者需求的人则更容易成为经营者。在这种背景下，很多公司开始录用那些普通女性，而非此前在公司出类拔萃且能比肩男性的"女强人"。像男性一样思考和工作，其实并不能发挥女性的独特优势。所以，普通女性很容易被取代。

啰唆了许多，最终我想说的是"觉得自己的意见无关紧要"的想法，充其量是时代的错误。今后是一个感性想法促生经济效益的时代。正如本节开头例子所涉及的那样，其实你的意见是否重要并非取决于你自己，而是由别人来决定。因此请大家记住，你不说出自己的想法，别人永远不会知道你在想什么。

😀 不要只顾着低头烦恼

我有事想和前辈、上司交流，但感觉对方很忙，这样麻烦别人会让人觉得不好，因此总是犹犹豫豫的。（男性，27岁，电台员工）

该男性内心存在一种意识，认为别人的时间比

第八章

没有人会喜欢我

自己的时间珍贵。这也是自我评价过低的一种表现。

人都珍爱自己，因此无法确保对方愿意腾出宝贵的时间。实事求是地说，如果形成了成熟的自爱，就能创造一种心理上的认同和肯定关系。也就是说，我们在有求于对方时，也可能会给对方带来某些价值。对我们来说，具备这样的意识至关重要。不过，也有人容易产生误解，认为自己不仅要麻烦别人，同时还要付出。比如容易让人产生"女性从男性那里获得了100万日元的礼物，这100万日元必须以某种方式还回去"的想法。但是，请不要这样想，也许对方只是为了向你表达喜欢或者尊敬。

关于心理上的认同和肯定，还可以举出相关的例子。例如，有一个学习非常好的学生，总是将他的笔记本借给一个学习非常差的学生。旁人也许不理解："学习差的男孩就是嘴甜，那个学习好的学生为什么愿意把笔记本给他看，如果不借的话，学习好的学生的成绩可能会更好。"但是对学习好的学生来说，会因为学习差的学生觉得"正是因为有你的帮助，我才不至于挂科"而满心高兴。其他的同学说他是冰冷的优秀生，大概是因为他学习优秀而性格孤傲吧，当那个学习差的学生寻求他的帮助时，他自然会感到高兴。

总而言之，人因受到其他人的请求而感到高兴的情况，可谓比比皆是。如果不明白受到其他人的请求而感到高兴这种心理，就不会被大家喜欢。就算是自我评价太低而缺乏自信的人，就算是一无是处的人，受到别人请求也会感到高兴。虽然这并不意味着别人都不认为这是麻烦，但只要在常识范围内，一般人收到请求都会感到高兴。

我们医生之所以能坚持工作，也有一部分原因是得到了患者的需求和认可。反之，如果是不被人尊敬的、徒有其表的工作，不给高薪就基本上没人愿意

第八章
没有人会喜欢我

做。有人觉得护理人员人手不够时，应该利用加薪来吸引，但也有人认为护理工作是一项有社会价值的工作，应该让护理人员受到人们的尊敬，得到人们的感激才对。这就像参与地震救灾的志愿者一样，由于受到周围的肯定和感谢，所以他们愿意无偿付出劳动。因此，护理人员人手不够时不局限于用资金解决，给他们多一些尊重和感激也很重要。且不说自我评价高低的问题，人只要存在，就有受到依赖、喜爱、陪伴等价值。

即使有和喜欢的人说话的机会，我也会担心"我真的可以和他说话吗？"，最后便因此失去了机会。（女性，27岁，出版社员工）

大概是和喜欢的人有距离感吧，觉得对方很难喜欢自己，至于成为对方的女朋友甚至妻子，也许更是

可是我还是会在意：
摆脱自我意识过剩的 8 种方法

难上加难的事。不过，交流层面的事还是要做的。只要不是特别过分的事，聊聊天也不会遭到嫌弃。

是不是非常尊敬或者喜欢，是不是说得出口姑且不论，当你带着"我崇拜你"的感觉让对方知道"没敢想能和您说话"，那么对方内心就会略感欣喜。如果仅仅因为被打招呼就心有不快，那么那个人要么心理有缺陷，要么曾经被通过这种手段而接近他的人骗得很惨。

总体而言，"打招呼、聊天就会遭人嫌"的想法反过来说就是自我意识过剩，这就像"我脸很红，所以大家肯定会讨厌我"说的是赤面恐惧症的人一样。更严重者，还会出现类似幻臭这种病理现象，总是认为自己身上有一种十分讨厌的臭味。但是，一般情况下根本不会出现这种问题。

打招呼的要点没有那么烦琐，也无须考虑太多。如果非要说妙招的话，那么就是最开始的三言两语。因此，可以尝试表达"我之前就一直想和你说来着""你选的衣服总是这么漂亮得体"，这种方式能让你吸引对方并让对方感受到你的善意。如果真的没有自信的话，那么你可以先问一问朋友"和那个人这么打招呼是不是可以"，如果朋友回答"这样挺好"，那么你就会自信许多。

😃 谁都会给别人添麻烦

自我评价过低的人经常会说"我不想给别人添麻烦"这样的话。但是你要明白，如果不给人添麻烦我们就没法生活下去。每个人或多或少都会给别人添麻烦。相反，那些说着"不想给别人添麻烦所以不敢说话"以致不付诸行动的人，今后往往会给别人带来更多的麻烦。

有的人可能会觉得稍微被嫌弃或者给人添一点麻

可是我还是会在意：
摆脱自我意识过剩的 8 种方法

烦就不好意思，但像销售岗位的人，他们要卖东西，所以让别人觉得吵闹或者被人说"你今天真忙"自然是避免不了的事。但同时类似这样的麻烦大家都能够理解而且司空见惯。如果真的是麻烦，很多情况下别人也会明确地告诉你"太麻烦了"。

简言之，不想给别人添麻烦的想法并不可取，但要想破解难题，也不是不可以。也就是说，虽然你给别人添了麻烦，但也可以给别人提供力所能及的帮助。现实中能够如此做的人，反而会给对方提供更多好处，从而获得对方的欢心。对方什么也没说，有人却想着是不是给对方添麻烦了，然而实际上你根本不知道对方心里想什么。另外，自我意识过剩的人往往武断地认为别人都是麻烦，并将其奉为真理。

读懂人心其实不易。我在精神科工作的时候，就有人问我："医生，您应该能看透我们的心思吧。"但实际并非如此。正因为医生无法了解患者的心思，

第八章
没有人会喜欢我

所以在沟通中才竭尽所能地倾听患者的心声。所谓治疗，最基本的方法就是倾听。有很长一段时间，我就是扮演倾听患者心声的角色。换言之，不倾听对方的心声就想了解对方的心思根本不可能，这是我对自身工作好坏的判断。看到对方的表情就随意想象对方"正在想这个"，这种方法是不负责任的。只要是精神科医生，不倾听对方的心声就无法理解对方的心情，但如果我随意想象一下就能猜中患者想法的话，那么说难听一点，那最多算是自夸。

无论如何我们都会给别人添麻烦，这一点谁也无法避免，因此不如干脆放弃不想给别人添麻烦的想法。此外，试图读懂别人内心的做法也趁早打消吧。

这样一来，迄今为止都觉得不愿给人添麻烦而止步不前的人就可以迈开脚步了。接下来，自信心也会随之产生，自我评价也会得以提高，因此绝不要犹犹豫豫。我们只要在别人身边，就肯定会麻烦别人。

结语

别管别人怎么看

结语
别管别人怎么看

感谢大家读完本书。

不知大家对自己和他人的心理是否已经有所了解，是否变得快乐了一些？或者大家是否觉得有部分章节比较适合自己而想尝试调整一下自己呢？我希望大家明确一点，那就是谁都拥有自我意识。

自己在意自己，或者考虑别人是不是在意自己，都是极为正常的事。关注过去和未来的自己也是理所当然的事。至于自我评价，要么过高，要么过低，恰如其分者少之又少。只是问题在于，如果太过极端，生活就会出现麻烦。在意别人的眼光是常有的事，但只要相信自己想到的别人未必想到，然后说自己想说的话，穿自己想穿的衣服就好。

我学过心理学和精神医学，既通过各种形式介绍过相关生活方法，也就相关问题的看法和思考方式进行过论述。即便如此,要问我的生活是否完全快乐,其实也不尽然,我的失落和烦恼也很多。只不过,当我略加学习,或者在诊断期间和患者交流一下,烦恼一下后就会觉得挺好的,因此长期的烦恼应该要比其他人少。这样,我就觉得十分知足,也希望各位读者能够设定类似目标。

在漫长的人生中,我们会不断注意到各类问题,如"确实如此,你越是烦恼,别人越是不愿理你""过去无法改变,闷闷不乐也无济于事"等。

不过,年龄大的抑郁症患者比年轻的更多,也可能是由于子女教育、照顾父母、裁员等影响,他们感到更大的压力。

读完本书,大家的心情就有可能变得愉悦,思维方式变得灵活。即便不存在上述问题,但只要对书中所述有所关注,我相信这些内容以后也会对大家有所帮助。当以后遇到诸多烦恼的时候,如果能想起

结语

别管别人怎么看

来"啊,这个问题与我此前读的书中所讲类似,我现在可能属于自我意识过剩"或"我可能依然对无法改变的过去念念不忘",那么若干年后想起时就会觉得"我再也不像以前那样纠结小问题",人际关系也变得容易处理。

人生会关注很多事情,然后逐渐获得心理的成长。这是一种理想模式,但和学校时代不同,毕业后再也没有老师引导,因此顺顺利利地自力更生是很难的事。

撰写本书的时候,我既有自己的烦恼,也有不少给患者治疗期间的感受。但是,大部分问题都可以通过学习掌握处理的方法,了解生活方式、认知方式以及自己容易陷入哪种心理状态,以后自己处理事情时就会更加灵活,自己遇到的问题也就更加容易解决。

虽然有些自不量力,但我还是想努力写出符合自身特色且对大家有所帮助的东西。如果本书在您遇到烦恼时可供参考，那么作为作者我将不胜荣幸。

最后，借此机会对付出诸多辛苦的大和出版社的编辑唐川知里和长谷川惠子女士，表示深深的谢意！

和田秀树